大数据时代云计算安全技术与实践运用研究

李俊　张晓晓　雷光临　著

CNCP 中国民族文化出版社
北京

图书在版编目(CIP)数据

大数据时代云计算安全技术与实践运用研究 / 李俊，张晓晓，雷光临著. —北京 ：中国民族文化出版社有限公司，2019.10 (2025.6重印)

ISBN 978-7-5122-1268-8

Ⅰ. ①大… Ⅱ. ①李… ②张… ③雷… Ⅲ. ①云计算—网络安全 Ⅳ. ①TP393.08

中国版本图书馆 CIP 数据核字(2019)第 196614 号

书　　名：大数据时代云计算安全技术与实践运用研究
作　　者：李俊　张晓晓　雷光临
责任编辑：李易飏
出　　版：中国民族文化出版社
地　　址：北京东城区和平里北街 14 号(100013)
电　　话：010－84250639
印　　刷：三河市同力彩印有限公司
开　　本：787mm×1092mm　1/16
印　　张：11.25
字　　数：202 千
版　　次：2025 年 6 月第 1 版第 2 次印刷
印　　数：1—500 册
书　　号：ISBN 978-7-5122-1268-8
定　　价：42.00 元

前 言

近年来，随着科技的不断发展，“大数据”“云计算”已经火遍了整个IT界。人类社会已经进入了大数据时代，云计算也基本上渗透到了各个领域。人们在谈及大数据的同时也必然会提到云计算，将两者结合起来，是这个时代发展的必然趋势。大数据是云计算范围内最重要的应用，而云计算相当于大数据的IT基础和平台，两者相互促进，缺一不可。不断发展的大数据包含着深度知识和价值，从而给技术创新和商业发展带来了极大的机遇和挑战。IT企业巨头都积极部署云计算发展战略，从国外微软的Azure云平台、IBM的蓝云计算平台以及Google的App Engine等，到国内的阿里云、百度云以及腾讯云等，各种云计算的产品和服务都逐渐进入人们的视野。

在大数据时代，云计算的发展使社会生产力和人们的生活质量明显提高，但不可否认的是，云计算在应用的过程中也包含着各种安全防护问题。目前国内外有关大数据和云计算的相关资料比较少，系统而完整的论述也十分缺乏，因此本书从大数据时代云计算安全技术与实践运用的角度进行研究，旨在普及大数据和云计算知识，以及它们目前的技术水平与实践应用。

本书共包括七章内容。第一章是绪论，主要对大数据和云计算的相关内容进行总体的概述，为后续讲解大数据时代下的云计算安全技术实践提供理论依据。第二章是大数据时代云计算的安全挑战，首先从技术安全、管理安全以及安全法律三个角度对云计算面临的安全挑战进行阐述，之后又分别介绍了个人云计算用户和企业云计算用户以及云计算提供商面临的安全挑战。第三章是大数据时代云计算应用安全体系及关键技术，首先对云计算安全体系进行探究和思考，之后对身份认证与访问管理、加密与密钥管理技术、VPN与传输安全、灾难备份与恢复等主要技术进行具体的阐述。第四章是大数据时代云计算应用安全防护方案，主要从云计算的核心架构安全、网络与系统安全、数据与信息防护安全以及身份管理与安全审计四个方面提出云计算应用的安全防护方案和一些安全防护策略。第五章是大数据时代安全云技术与实践运用，首先对安全云服务的技术与实现、部署和应用分别进行描述，再从电信运营商和安全设备提供商的角度具体介绍安全云的实践运用。第六章是大数据时代我国企业云计算的发展实践，通过分析和解读我国部分具有代表性的企业在云计算方面的发展和实践，为我国企业整体云计算的发展探求新的路径。第七章是大数据时代云计算与智慧城市的实践运用，主要从智慧教育、智慧政务、智慧医疗、智慧旅游几个角度对云计算在智慧城市的实践应用与发展进行阐述。

本书由李俊、张晓晓、雷光临共同撰写完成，具体分工如下：

第一章、第三章、第六章由李俊（新乡医学院）撰写；

第二章、第七章由张晓晓（新乡医学院）撰写；

第四章、第五章由雷光临（新乡医学院）撰写。

本书在编撰过程中参考和借鉴了多位专家、学者的研究成果，在此向他们表示衷心的感谢。由于时间和本人能力水平有限，书中难免存在疏漏与不妥之处，恳请得到专家学者和广大读者的批评、指正。

作　者

2019 年 8 月

目　录

第一章　绪　论

在移动互联网的飞速发展中，数据量不断上升。本章以大数据和云计算为主要切入点，对大数据的产生和发展、概念与特点、大数据的多样价值和现实风险进行详细分析；之后又对云计算的内涵、云计算的研究热点、云计算的生命周期等展开探索，以此为后续大数据时代下的云计算安全技术实践提供理论依据。

第一节　大数据概述

一、大数据的产生和发展

（一）大数据的产生背景

在互联网技术的不断发展革新中，我们的日常生活开始受其全面的影响和渗透，同时伴随着云计算、移动网络、物联网技术和其他网络终端设备的发展与普及，我们的工作、生活、学习中到处都有的数据正以极快的速度增长。可以说，当前我们的世界已经被数据笼罩，而这些数据在精心的系统整合后形成的大数据开始逐渐体现出其拥有的独特价值，它们以显性或隐性的形式遍布世界的每个角落。互联网开启了大数据时代，大数据产业也开始成为未来新的经济增长点，图 1-1 为我们基本勾勒出因特网、物联网、云计算大数据时代的基本延伸方向。

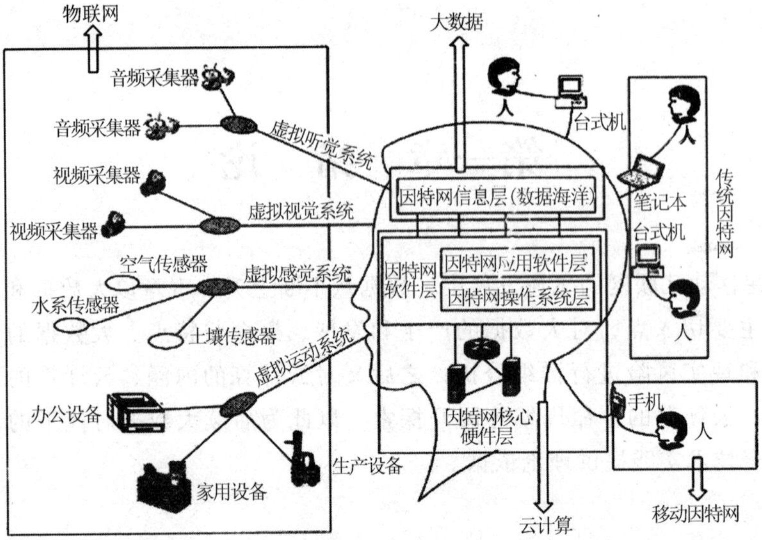

图 1-1　因特网大数据时代的基本延伸范围

（二）大数据的发展历程

从人类社会出现以来，处理各类不断增长的数据始终都是人类社会进行管理的难题之一。大数据的现代发展历史最早源自美国统计学家赫尔曼·霍尔瑞斯，他为了对 1890 年的人口普查数据进行统计，发明设计了一台电动机器以此完成对卡片的识别。这台机器只花费了一年的时间就完成了人工大约需要 8 年的工作量，这也成为全球开展数据处理的契机。1943 年，英国为了破解纳粹设置的密码，开始组织工程师设计制造机器开展大规模的数据处理，同时使用了首台可编程的电子计算机开展计算工作。1961 年，美国国家安全局开始使用计算机收集信号完成情报的自动处理；1960 年，英国计算机科学家蒂姆·伯纳斯设计超文本系统，将其命名为万维网。在之后的 50 年发展历程中，信息产品的功能不断增强，而各类设备体积逐渐缩小，存储器的成本也不断缩小，能够以较低的成本价格保存海量的数据。直到今天，智能手机、各类无线传感器、可穿戴设备等已经可以实现数据的全自动采集，这为大数据时代的来临奠定了物理基础。

大数据时代的技术基础主要体现在数据挖掘，利用特定的算法对海量数据开展自动分析，以此对数据中隐藏的规律和趋势进行揭示，在数据中获得新的知识，这能够为决策者提供新的思考方向。当前的信息技术已经可以将一件产品的动向、每位消费者的情况进行合理记录，之后再通过数据挖掘，为客户实现量身定制，从而将消费和服务纳入到新的个性化阶段。根据网络数据的挖掘，不需要进行制定问卷，也不用进行排查，因此消耗的成本极其低廉。更为关键的是，这种分析具有及时性，几乎不存在滞后性，由此数据挖掘开始成为越来越重要的分析预测工具，抽样技术也逐渐演变为一种辅助工具。数据挖掘的优越性也将大数据的“信息量大、多渠道、实时性”特点充分展现出来。大数据的前沿热点是机器学习，这与数据挖掘相比，其算法不是固定不变的，具有调试参数的功能。换而言之，在计算和挖掘的次数累加中，系统可以自动调节算法参数，以此将挖掘和预测的结果变得更加准确。除数据挖掘和机器学习之外，数据的分析、使用技术也逐渐成熟，逐渐构成了大数据的基本体系。

（三）当前大数据的演变

“大数据”真正成为热点是在2011年举办的第11届EMC公司年度技术大会上，该会议以云计算和大数据的相遇（Cloud Meet Gig Date）为主题，重点放在展现当前两个国际最主要的技术趋势上，在这次大会中提出了“大数据”的概念，从此，社会各界开始对大数据投入广泛关注。

2011年6月，全球著名的咨询公司麦肯锡研究院发布了一份研究报告，这份报告对大数据的发展前景、关键技术以及应用领域等进行了详细分析，同时表明大数据将是未来生产力发展和创新、消费需求的重要指向标。此外，联合国的“全球脉动”（Global Pulse）倡议项目也发布了一份报告，这份报告的重点在于对大数据时代尤其是发展中国家在面对大数据所带来的机遇和挑战进行了分析。

大数据的快速发展和热度的不断上升，背后不乏有心之人的炒作，但是在高德纳咨询公司（Gartner）发布的技术成熟度曲线中我们可以发现，当前大数据已经从概念和前景分析出发进入平稳的发展阶段，如图1-2所示。当前大数据已经进入平稳的发展期，虽不处于膨胀期和高峰期，但是已经能够保持比较平稳的状态。成熟度曲线规律表明，当前大数据虽然已经离开高峰期，但是社会大众对大数据的兴趣依旧存在，尽管新的大数据处理技术方案促使大数据的热度在市场中趋于稳定，但是其在未来几年的发展中才会进入真正的稳定期。因此，我们可以认为当前大数据的基本概念、关键技术以及具体的利用领域等已经基本获得业界的认可，未来对大数据进行处理分析，发掘其内在价值是整个大数据行业努力的方向。

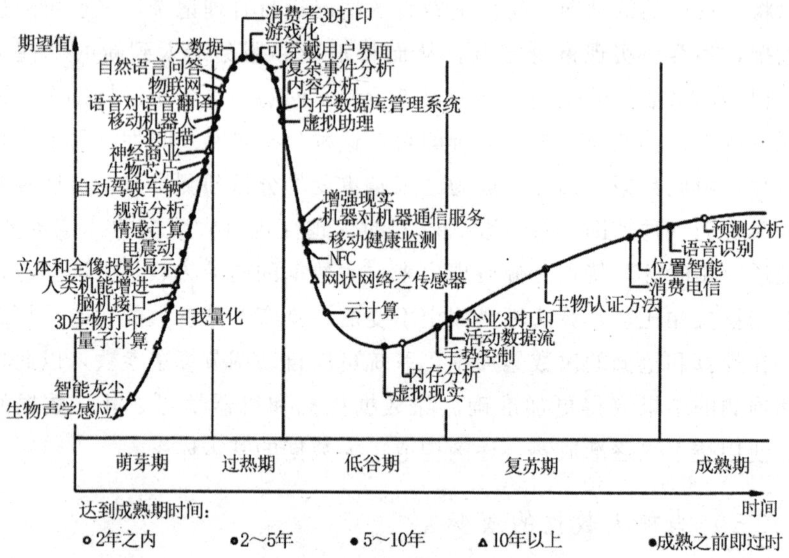

图 1-2 技术成熟度曲线

二、大数据的概念与特点

(一) 大数据的概念

大数据指的是通过多元形式存在，以多个来源为主进行系统搜集的庞大数据组，具有实时性。例如，在企业和其他企业的销售中，这些数据会出现在社交网络、电子商务网站、顾客来访记录中，而这些数据并不是公司顾客关系管理数据库的常态数据分类，而是处于不断变化和更新中的。

不同组织对大数据的定义是不同的，如表 1-1 所示。

表 1-1 各个组织机构对大数据定义的理解

机构/组织主体	具体内涵分析
百度百科	大数据是指无法在一定时间范围内用常规软件工具进行捕捉、管理和处理的数据集合，是需要新处理模式才能具有更强的决策力、洞察发现力和流程优化能力的海量、高增长率和多样化的信息资产。
开源分布式计算框架	大数据是一种具有强大规模的数据集，体量较大，是传统的计算方式无法在可接受的时间内获取、储存和处理的

续表

机构/组织主体	具体内涵分析
IT研究与顾问咨询公司高德纳（Gartne）	大数据是一种具有多重结构、体量巨大，同时具备高增长率的信息资产，其价值只有利用新的技术和模式处理后才能展示出来，然后才能以此形成更具实效性的决策依据和精确的洞察能力
美国国家科学基金会	大数据是在各类音视频软件、传感设备、符号数据、电子商务以及各类终端中获得的，与单一渠道产生的静态数据不同，大数据更多变、更高速、更多元
国内学者李国杰、程学旗	大数据指的是利用某种方式感知、获取、存储、挖掘以及分享的数据集合，但是以当前数据处理技术、信息处理工具来获得这些数据集合的成本较高，不仅要花费资金成本，同时也要花费时间成本

通过新的处理模式，大数据可以具有更高的决策力和洞察力，也能够实现流程的优化和高增长率的数据获得，能够实现海量的多样化信息资产。总的而言，大数据技术可以对各类不同的数据进行快速处理，能够从中获得有价值的信息。在网络、传感器以及服务器等硬件设施的发展中，大数据技术可以帮助企业探寻自身需求，创造巨大的经济利益，并以此获得更大的社会价值和商业价值。各行各业可以利用大数据获得更高的增值和效益，以此展现出相应的社会能力。因此，在多样的技术支持下，大数据可以认为是在合理时间内采集大规模资料并进行处理，将其变为能够帮助使用者进行决策的社会过程。

（二）大数据的特点

IBM公司将大数据特点总结为大量化、多样化以及快速化，这三个主要特性也充分展示了大数据背后的巨大价值。随着研究的不断深入，大数据的特点也是在不断更新扩充的，主要体现在以下八个方面，如图1-3所示。

图 1-3　大数据的"8V"特点

1. 海量化

海量化指的是收集与分析的数据量都十分庞大，从 TB 级别开始上升到 PB、EB，甚至是 ZB 级别。据有关数据分析，到 2020 年，全球数据储存将高达 6ZB，其中多为消费者的消费数据。当前在人类文明已经获得的全部数据中，大约有 90%是近几年产生的。而在大数据时代的到来中，过去以 TB、PB、EB 为数据计量单位的时代已经成为历史，全球开启了数据存储和处理的"ZB"时代。

2. 多样化

多样化指的是大数据类型的多样化。大数据是由多种数据源组成的，其中主要的类型涉及结构化数据、半结构化数据以及非结构化数据。在国外，YouTube 网站的视频活跃用户在 2018 年就高达 18 亿人次，用户每分钟的视频上传量达400小时；而Facebook的日活跃用户也高达3亿人次。在我国，根据新浪微博数据中心公布的报告，截止到 2018 年年底，我国微博月活跃用户有 4.62 亿人次，有超过 32 个领域的月阅读量超过百亿。按照高德纳咨询公司（Gartner Group）的统计，在这些每天不断产生的数据中，大约有 80%的数据为非结构化数据，同时还以高速增长的态势前进，非结构化数据已经逐渐成为大数据的主要构成部分。而这些非结构化数据的处理与加工相比于结构化数据而言十分烦琐，但值得注意是，能够产生巨大价值的数据也恰恰是这些复杂的非结构化数据。

3. 高速性

高速性即对数据流的快速处理。在大数据产业的不断优化中，已经有很多应用于密集型数据处理的架构产生。这些新的架构技术与软件大大提升了数据处理的速度，将数据处理的能力从批处理转变为流处理。速度快的要求主要体现在批处理、实时性、多进程、数据流等多个方面。实时数据流处理中存在“一秒定律”，即长期不断的数据监控中或许只有一秒的数据是有价值的，这同传统的数据挖掘技术存在本质的不同。

4. 精确性

精确性指的是数据的准确性。精确性涉及数据的可信性、真伪性、具体的来源、有效性以及可审计性等。大数据中的内容多数是同现实世界有关的，而研究大数据就是从大量的网络数据中获得能够对现实事件进行解释和预测的过程。只有确保数据的真实和完整，之后的决策才能够更加科学和准确。从数据源角度而言，多数数据都是对个体思想和行为的实时记录，也是个体真实意思的外在表现，其准确性程度要远高于传统的数据来源渠道和收集方式，即使少数数据已经失真，也不会影响其他数据的真实性。

5. 关联性

关联性即数据流之间具有的联系。关联的数据价值不言而喻，其比孤立数据更具说服力。大数据关注的是在彼此关联的数据流中间发现相关关系，而对单个数据流的价值并不是特别注意。在大数据时代，过去以人的主观认识为基础的关联物监测法已经逐渐落后，机器的超强计算能力和复杂的数学模型已经逐步成为大数据发展中的主要分析方式，其可以通过自动搜寻和建立相互关系，以此获得最有价值的结论。

6. 易变性

易变性指的是数据流的变化率。大数据的生成是一瞬间的事情，在人为产生的数据之外，其他各类智能化机器也会不间断的产生各类数据，以此导致数据在较短的时间内迅速增长，数据的更新速度快、价值衰减率高，这就需要对处于变化中的数据进行快速反应，在不断变化的形式下展开动态化的实时分析。

7. 有效性

有效性指的是数据的有效性和存储期限。大数据在处理的初期阶段具有杂乱性，但是在存储技术的不断革新中，大数据的存储空间和时间限制不断减少，数据可以被有效记录并长期保存，同时也可以及时地查找，进行循环利用。数据本身具有的有效性和按照大数据进行的分析与预测有效性也获得了提升。

8. 价值大

大数据的价值密度虽然在不断下降，但是通过大数据的交换、整合以及分析就能够找到数据之间存在的关联性，以此获得重大发现，从而提升整体价值。大数据的影响力十分广泛，在社会的各个领域都可以发挥自身的价值。毫不夸张地讲，大数据已经深入到我们的生产生活和管理中，正在成为一种新的生产力要素，在管理和监测、分析方面展示强大的力量。

三、大数据的多样价值

（一）大数据重塑了生产关系

大数据代表了技术或生产力。信息技术的快速发展，基本上所有的人、物、事等都会产生大量的数据，这会导致地球上的人与人、事与事、物与物、人与事、人与物等产生各种关系，同时各类关系相互交错，异常复杂。任何一个地方发生的事情，在“蝴蝶效应”的作用下，会使与其有关的事物发生连带关系。生产工具是一个时代的重要标志，而当前大数据就是最基本的生产工具，大数据是方法论也是思维，更是技术工具。在大数据时代，大数据将生产力和生产关系进行重塑，这也引起了社会政治、经济、文化等各方面的变革。

（二）大数据促进思维变革

大数据时代的来临，不仅是技术的个性化升级，同时也代表了人类处理信息方式的变化与思考模式的升级。思想是行动的先导，大数据思维是大数据资源产生价值的前提，大数据时代的来临主要实现了以下思维的提升变革。

(1) 整体性思维。传统数据时代，受数据采集、存储和分析技术的制约，开展的样本分析只能是通过局部看整体。但是在大数据时代，通过大数据技术和云计算技术，人类可以实现对数据的整体性认识，开始从样本思维变为整体思维。大数据的“大”不仅包括量大、价值大的含义，更在于其整体性的发挥。

(2) 相关性思维。这种思维是大数据的关键所在，相关关系不用对事物内在的因果关系等进行分析，只需利用关联事物寻找事物发展的趋势，以此获得事物发展的更多可能性。

(3) 平等性思维。平等性即海量数据并不存在价值大小、地位轻重的区别，其具有相同的重要性。大数据时代的任何一个数据都具有平等的关系，大数据能够推动政治平等、民主决策；能够促进教育公平和资源共享；也能够实现管理科学、人与人的平等参与。

(三) 大数据推动社会变革

在大数据和云计算、信息化革命的推动下，“互联网+”成为一个新兴词汇，互联网与各个领域的结合都在充分证明着大数据的深刻辐射作用。

1. 大数据与政治生活

大数据对政治的影响十分显著，例如奥巴马在参与美国总统大选时，其背后团队就利用数据挖掘技术和方法，对可能参与投票的选民和选票结果进行了预估。国务院总理李克强在考察北京 · 贵阳的大数据应用展示中心时也曾提出，要将执法权力关进“数据笼子”，要让失信市场行为无处遁形，要让权力运行处处留痕。①

2. 大数据与科技创新

大数据在科学家的手中就成了“大发现”的手段，大数据是财富，更是资源。大数据已经成为人类认识世界和改造世界的新兴动力，当前科学研究进入大数据时代。通过大数据的可计算化、可知识化，能够实现理论建模、状态描述、数据分析等科学研究功能。此外，各个行业在大数据的支持下，能够催生新技术和新产品的诞生，通过对数据的深度利用和大数据与各行各业的结合，企业对新产品的开发和新服务的探索也将更具动力。

3. 大数据与社会管理变革

大数据是获得新认知和创造新价值的源泉，同时也是变革市场组织结构的方式。大数据在管理方面的作用不仅体现在大数据提供了数据服务和数据支持，而且大数据思维、大数据方式等能够带来管理思维、管理方法、管理结构、管理对象的变化，以此促进管理效能的提升。首先，大数据能够推动管理结构从传统封闭走向开放；其次，大数据能够加快管理结

---

① 张越. 李克强考察贵阳大数据应用展示中心［EB/OL］. http://www.chinanews.com/tp/hd2011/2015/02－15/483099.shtml

构从传统的等级分化转变为扁平的速度；再次，大数据促使管理对象从人转向数据；最后，大数据推动管理效能从应急转为预警。

4. 大数据与社会教育变革

教育在大数据时代同样获得了新的发展。在移动智能终端用户人数的不断增长中，智慧教育趋势更加明显。首先，按照个体特殊需求的适应性在线学习平台打破空间、时间以及资源的限制，将传统的学校教育方式改变，这使得免费学习、个性化学习成为现实；其次，教学内容的呈现方式更加多样、人性化与可视化程度提升，以“翻转课堂”为主的交互式网络课堂成为新的教学形式；最后，教育资源信息化网络的构建使得教育资源能够流动起来，其作用发挥效用更大，从而形成一个交流共享、共同提升的学习共同体。

四、大数据的现实风险

大数据为我们带来美好发展的同时，也暗藏了许多不可预估的显性或隐形风险，其主要包括以下几个方面。

（一）技术应用风险

1. 存储技术风险

当前，人类生活中所产生的各类信息都将以数字信息的形式被保存下来。但是，在信息技术的更新换代中，我们反而更容易面临丢失这些数据的风险。例如，你曾经创建的文档，因软件更新而未考虑兼容性，最终的结果就是你无法打开这些文件。可以说，一个小小的误删操作，就会将所有的成果毁于一瞬间，再如软件的格式化和手机的刷机等。技术发展中虽保留了大量数据，但事物都具有两面性，技术也会带来存储方面的风险。

2. 挖掘技术风险

大数据挖掘是以海量数据为基础的，但是这些海量数据是相互交错存在的，数据的真实性和准确性并不能得到准确的保证，因此最终得到结果的可靠性仍值得被怀疑。首先，互联网中各类信息良莠不齐，这会给数据挖掘带来阻碍；其次，在数据挖掘中存在数据样本是否是全样本的挑战，这意味着数据并非越多越好，当前是数据开放和知识产权并存的时代，多数企业的数据是不存在于公共网络共享中的；最后，数据的增长与有用信息的增长并不是正比例关系，数据的增长也并不代表着人们不用进行独立思考和创造。

（二）经济社会风险

1. 隐私保护风险

按照中国互联网络信息中心公布的有效数据，截止到 2018 年 12 月，我国网民规模达 8.29 亿人，普及率达 59.6%；其中我国手机网民规模达 8.17 亿人，网民通过手机接入互联网的比例高达 98.6%。利用网民的上网轨迹就可将个人信息进行还原，大数据的使用者往往受个人利益和私欲影响，将大数据变化为自己牟取暴利的帮手，这都给社会公民的隐私带来了极大危险。

2. 经济政治风险

大数据作为一种信息资产，最基本的价值就在于其经济价值，因此其必然存在一定的经济风险。例如，作为中国目前最大的电子商务网站，阿里巴巴掌握着大量的消费数据资源，这些数据一旦被泄露，就会对企业和个人造成打击与伤害。此外，数据安全中不仅包括经济安全还包括政治安全。某些敏感的数据一旦被挖掘分析处理，就会对国家安全和核心利益造成损害。

（三）数据独裁风险

在人类历史发展的长河中，人们总是渴望对未知的事情进行预测，而预测结果的准确度往往与人们的理性和掌握的信息程度具有直接关系。尤其在大数据时代，只要使用就会有痕迹的互联网为大数据的产生提供了技术支持，人们掌握了更多的信息，能够进行相应的预测。但不可忽视的是，大数据并非万能的，有时质量不高的数据或不够客观的数据会将我们引向错误的方向。我们在使用大数据进行事物发展的前景分析时，要纵观全局，懂得把握正确的数据，不可一味投入到数据的全盘应用中。

第二节　云计算概述

云计算是分布式计算，是以互联网为基础的计算形式，更是一种新兴的商业计算模型。云计算对网络中独立的计算实体进行统一管理，以此形成一个比较强大的计算能力供应系统。而这个系统能够将强大的计算能力转变为各类服务，涉及基础架构服务、平台服务、软件服务、存储服务等，以此提供给终端用户。图 1-4 为我们展示了云计算的演进过程，其核心思想就是不断增强系统平台的数据处理能力，以此使终端用户按照需要享受“云”带来的服务。

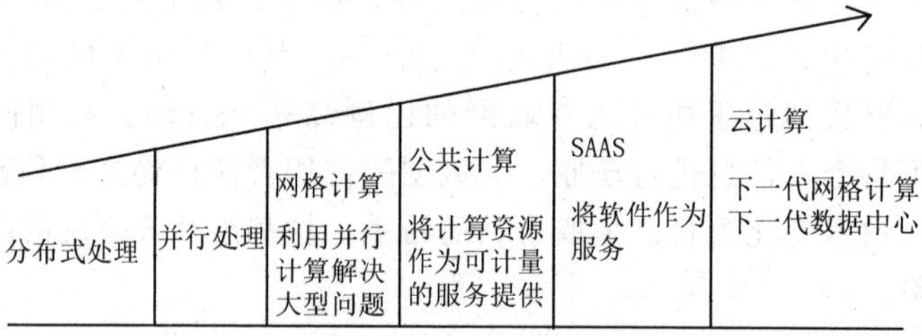

图 1-4　云计算的演进过程

一、云计算的内涵

（一）云计算的定义

在信息化技术快速发展中，网络带宽和计算能力都获得相应的提升，网络数据量也开始爆炸性的增长，而传统的并行计算技术并不能完全满足大规模网络计算的信息处理形式。此时，云计算作为一种新兴的网络并行计算技术，其在网络统一组织和灵活协调各类 ICT 信息资源中，借助网络将各类分散的计算实体集中起来，通过数据服务的形式为人们提供动态的可扩展的资源。从一定意义上而言，云计算作为以互联网为基础的计算模式，是对分布式计算、并行计算和网络计算的发展。当前被大众所广泛接受的是美国国家标准与技术研究院关于云计算的定义：云计算是一种按照使用量收费的模式，这种模式可以提供可用的、便捷的、根据需要开展的网络访问，在进入可配置的计算资源共享池后，这些资源能够被快速分配到需要的人手中，只需要花费一点时间进行管理即可。如图 1-5 为我们展示了不同的云计算定义。

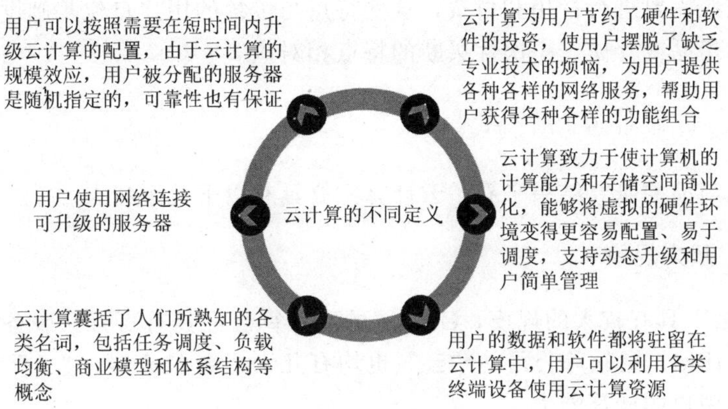

图 1-5 云计算的不同定义

（二）云计算产生的背景

有人认为云计算是技术革命过程中的产物；有人则认为云计算只是对已有技术的重新包装变化，但是通过对云计算的多方面把握，在此我们可以认为云计算的发展是在各类需求的推动、技术的进步以及商业模式的转换等共同作用下出现的结果。

1. 需求是产生的动力

IT 设施要想成为社会基础设施，需要更高的成本支持，这其中人力支出、资金支出、时间支出、环境支出等都包括在内。但云计算的优势显而易见，用户不需要专业的 IT 团队，也不需要购买相应的 IT 产品，就能以低成本、高效率，快速获取 IT 服务。云计算服务商可以有效提升资源的利用率和使用率，解决关键问题，实现产业链的多样化延长。

2. 技术是产生的基础

云计算自身的技术发展，例如硬件技术、虚拟化技术、储存技术、分布式并行计算、多用户构架、自动管理与部署以及互联网技术等，这些都为云计算产生提供了合理的技术基础。

3. 商业模式提供产生可能性

商业模式是云计算的内在必然要求，同时也是用户需求的外在表现，同时云计算技术也为这类特定的商业模式提供了现实可能性。从商业模式的角度而言，云计算的主要特点是以网络作为中心，将服务作为产品的形态，按照需要进行使用和付费，这些特点与传统的用户自建基础设施、购买有形产品或介质、一次性买断的特点相对应。

（三）云计算的特点

从当前的研究结果来看，云计算主要具有以下几个特点。

1. 超大规模

“云”具有较大的规模，Google的云计算已经具有百万台服务器，亚马逊、IBM、微软等公司的“云”也均有几十万台服务器，“云”能够大大增强用户的计算能力。

2. 虚拟化

云计算可以随时随地为用户提供利用各类终端的服务。一般情况下，用户请求获得的资源来自“云”，而并非固定的有形的实体。在“云”中某处运行，但是用户并不需要了解应用的具体运行位置，其只需一台笔记本电脑或其他接收终端，就能够通过网络服务获得其他各类能力突出的服务。

3. 设备计算能力的突出

云计算将大量的计算资源共同放置在公共资源池中，利用多种资源的形式共享计算资源。单个用户在云计算平台中获得的服务水平会受到各类网络带宽等因素的影响，因此可能不会获得优于本地主机所提供的服务，但是从整个社会资源的角度而言，整体的资源调控会有效减少部分地区峰值荷载，会增强部分荒废的主机的运行率，也会提升整个资源的利用率。

4. 高可靠性与通用性

“云”选择数据多容错性、计算节点可互换等方式来确保服务的高可靠性，使用云计算相比使用本地计算机更可靠；云计算不会针对特定的应用，在“云”的技术支撑下可以创造出各类应用，同样的一片“云”可以同时支持不同的程序运行。

5. 设备依赖性的降低

虚拟化层会将云平台上方的应用软件和下方的基础设备相隔离。技术设备的维护者是没有办法看到设备中运行的具体应用的。同时对软件层的用户而言，基础设备层是比较透明的，用户只能看到虚拟化层中虚拟出来的各类设备。这种架构充分降低了对设备的依赖性，同时更为动态的资源配置提供了可能性。

6. 弹性服务

云平台管理软件会将整合的计算资源按照应用访问的具体形式展开动态调整，例如增大或减小资源的要求等。云计算对于非恒定需求，例如对需求波动恒定、阶段性需求等具有良好的应用效果。在云计算环境中，不仅可以对规律性需求利用事先预测事先分配，同时也能够按照事先预定好的规则进行实时的公告和调整。弹性的云服务可以帮助用户在任何时间内获得满足需求的计算资源。

7. 高扩展性和按需服务

“云”的规模可以进行动态伸缩，以此实现应用和用户规模增长的需求；“云”作为一个庞大的资源池，用户可以按需购买，计费形式与购买日常生活中的电、水、天然气等具有相似性。

(四) 云计算的服务层次

在云计算中，按照其服务集合所能够提供的服务类型，全部云计算服务集合会被划分为应用层、平台层、基础设施层和虚拟化层，同时每一个层都会对应一个子服务集合，图 1-6 为我们展示了云计算的服务层次效果。

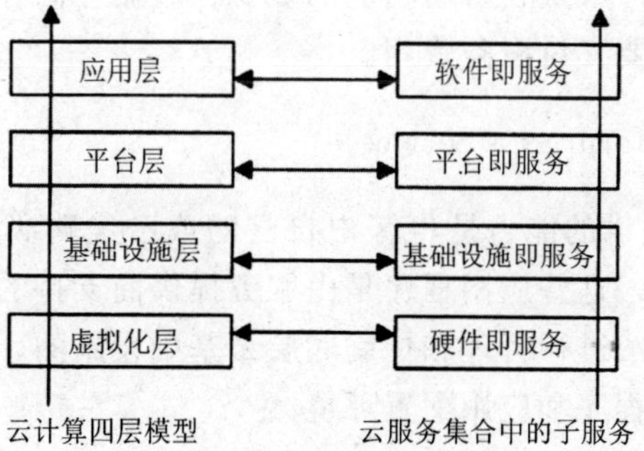

图 1-6 云计算的服务层次图

云计算的服务层次是按照服务类型即服务集合来进行划分的，这种划分与计算机网络体系结构中的层次划分具有不同之处。在计算机网络中每个层次都具有一定的功能，层与层之间具有相应的关联。但是云计算体系机构中的层次划分是可以分割开的，即某一层次可以单独完成一个用户的请求而无须其他层次为其提供服务和支持。值得注意的是，在云计算服务体系结构中各个层次与相关云产品是一一对应的。

（五）云计算的服务形式

云计算的表现形式十分多样，简单的云计算在人们日常网络应用中较为常见，例如腾讯 QQ 空间提供的在线制作 Flash 图片、Google 的搜索服务、Google Apps 等。当前，云计算的主要服务形式有将基础设施当作服务 SaaS、将平台作为服务 PaaS、将软件作为服务 IaaS 等。

1. SaaS（Software as a Service）

SaaS 服务提供商将应用软件统一放置在自己的服务器中，用户按照自己的需求利用互联网向厂商订购应用软件服务，服务提供商按照客户所预定软件的数量大小和时间长短等因素收费，同时利用浏览器向客户提供软件的对应模式。

这种服务模式的优势在于可以利用服务提供商维护和管理软件并提供软件运行的硬件设施，用户只要拥有能够接入到互联网的终端，就能够在任何时间任何地点随时使用软件。在这种模式中，客户无须像传统模式一样花费大量的资金在硬件、软件以及维护人员上，其只需付出一定的租赁服务费用，利用互联网就能获得相应的软件、硬件以及维护服务，这是网络应用中比较能获得效益的营运模式。对于小企业而言，SaaS 是使用先进技术的最好途径，以企业管理软件为例，SaaS 模式的云计算 ERP 可以使客户按照并发用户数量、所用功能的多少、数据存储容量、使用时间等自由组合，按照需要支付服务费用。

2. PaaS（Platform as a Service）

PaaS 为客户提供的能力是将客户自己的或已经购买的应用程序放在云基础设施的能力，这些应用程序是由服务提供商支持的编程语言或工具编写的。客户是无法进行管理和控制底层云基础设施的，但是其可以控制他部署的其他应用程序和应用配置环境。

3. IaaS（Infrastructure as a Service）

IaaS 是将厂商由多台服务器组成的“云端”基础设施，当作一种计量服务提供给客户，其能够将内存、I/O 设备、储存以及计算能力整合为一个虚拟的资源池，以此为整个业界提供所需要的存储资源和虚拟化服务器等服务。IaaS 的优势在于用户只需购买低价的硬件，按照需求租用相应计算能力和存储能力，这可以降低用户在硬件上的支出。

（六）云计算的实现机制

云计算分为 SaaS、PaaS、IaaS 等类型，不同的厂家也提供了不同的解决方案，但当前还没有一个比较统一的技术体系结构。因此，在此按照不同厂家的方案，构建出一个云计算体系结构，如图 1-7 所示，其中概括了不同解决方案的主要特点，每种方案可能只实现了其中某一部分的功能，或者还未对部分相对次要的功能进行概括。

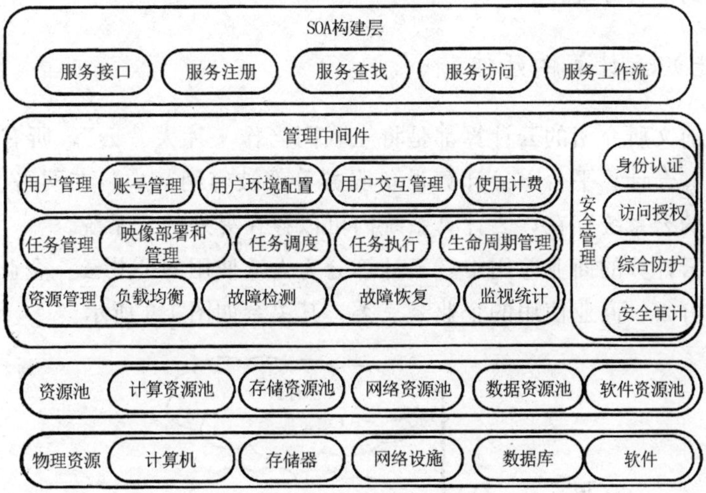

图 1-7　云计算技术体系结构图

云计算技术体系结构分为四层，分别是物理资源层、资源池层、管理中间件层、SOA 构建层，其具体的分类内容图 1-7 中已经详细列出。按照这个体系结构，以 IaaS 云计算为例，对云计算的实现机制进行概括，如图 1-8 所示。

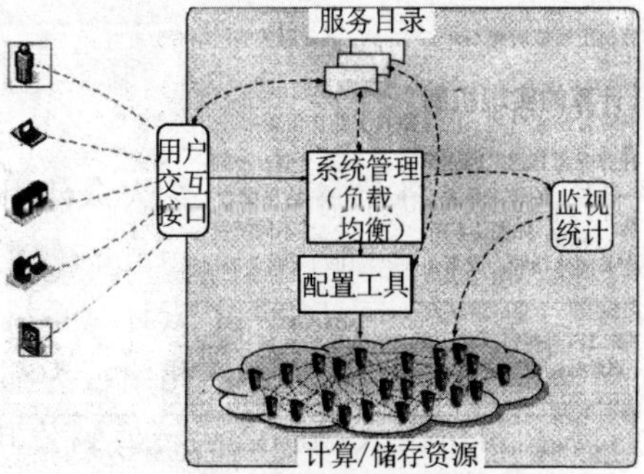

图 1-8　简化的 IaaS 实现机制图

用户交互接口是以 Web Services 的形式提供访问接口，获得用户需求。服务目录是用户可以访问的服务清单。系统管理模块主要任务是对所有可以接触到的资源进行管理和分配，主要的核心是负载均衡化。配置工具主要负责在分配的节点上构建任务运行环境。监视统计模块负责监视节点的运行状态，并对用户使用节点情况进行统计。执行过程并不烦琐，用户交互接口允许用户从目录中选取并选择一个服务，在请求传递给系统管理模块之后，就能够为用户分配适当的资源，之后调用配置工具为用户构建良好的运行环境。

（七）云计算的延伸

在前文所介绍的云计算都是将互联网当作一片大“云”，所有的云计算软件、云计算平台、云计算设备服务等都被容纳其中。在网络世界中，有多样的云系统存在，云计算系统内可以存在另外的云系统。

在云计算的商业应用中，云计算分为大众使用的公共云、企业内部使用的私有云、商业使用的企业云三类，其关系如图 1-9 所示。

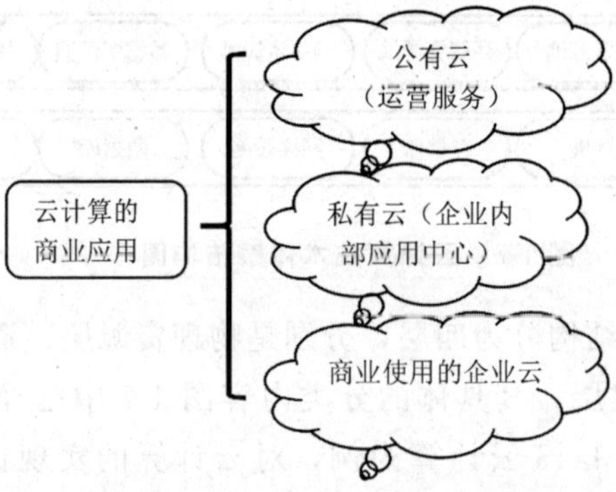

图 1-9　云计算延伸关系图

1. 公共云

公共云指的是在互联网上将云服务公开给大众使用，其中比较有代表性的包括 Google 搜索服务与网络地图、Youtube 视频以及 Facebook 等。公共云是一般网络大众所了解且每日使用的云计算系统，在网络上进行数据的搜索、照片分享以及上传视频等日常的网络行为都属于公共云。其共同特征是能够将个人数据借由个人电脑终端转换到公开的云计算系统中，同时对所有人免费开放。这些网络数据的维护者和管理者是提供公共云的供应商，其可以保证网络用户随时随地使用计算机、手机等上网工具，便捷地取得和分享数据。

公共云的主要优势在于：

（1）完全免费访问，硬件装置与访问不存在关联；

（2）具有一定的弹性和伸缩性，可以按照自己的需要使用不同的应用程序；

（3）节省资源，用户能够较快完成自己的上传或者下载需求。

2. 私有云

对私有云进行理解首先要认识到，云计算要想进入企业内部，产生的最大阻碍就是数据的安全问题，具有开放性的公共云中的应用，大多数是利用公开的互联网与服务供应商的数据中心展开联机，同时在公共云的架构中，企业运营数据需要放在云计算供应商的数据中心，而数据安全水平和管理能力的可靠性会对企业使用公共云的行为形成影响。当前，各个供应商的云计算技术之间不具备共同的技术标准，企业一旦使用某种特定的应用程序进行开发，是无法在各个公共云之间移动的。例如，IBM 就不直接提供公开式云计算服务，只采用与企业进行战略合作的形式，IBM 只负责构建数据中心并提供相应的基础架构服务，之后再由合作企业直接提供专属的公开云服务给大众。此外，具有一定规模的公司或政府单位所使用的系统，在进行相应的规模考量后，是不会将数据轻易放在特定的位置的，因为这中间会涉及与政府和公司有关的机密文件。因此，企业的云计算，不仅要对计算性能等方面进行考虑，同时企业也十分看重安全性和保密性，因此，私有云也逐渐成为云计算中比较有代表性的组成部分。

（八）云计算的研究方向

1. 商业模式

云计算的商业模式包括服务模式和合作模式两个方面。服务模式的主要关注点在用户，主要研究的是云计算在商用过程中所需要解决的问题；合作模式则关注的是产业链合作，主要研究重点在于构建合理有序的云计算产业链所能够使用的合作模式。

云计算的产业链特点如图 1-10 所示。

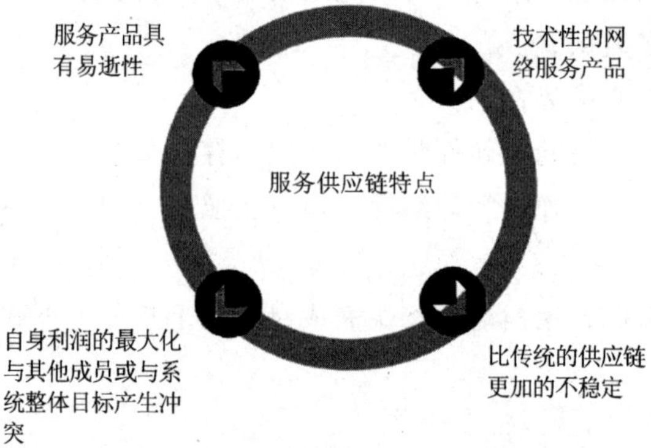

图 1-10　服务产业链特点示意图

2. 业务产品与技术应用

在最终环节用户所能够体会和感知到的云计算就是云计算的业务和产品。有些业务和产品并不一定会以云的形式出现，其中可能只是融入了云的技术。其主要的研究内容涉及云计算服务的业务种类、业务形态、业务实现模式以及产品策略等。此外，云技术对传统产品、业务的发展和优化，云计算可能推出的新产品和新业务等也包括在研究内容中。

3. 运营管理

对运营管理的研究主要是根据运营组织和运营管理平台而进行的，运营组织主要研究的是云计算运营商在组织架构中怎样适应云计算的技术和商业模式特点；运营管理的具体内容则是进行物理资源管理、虚拟资源池弹性调度、服务管理、计费、用户管理、业务流程、内部管理机制等。

4. 法律法规

云计算作为一个新兴事物，其显著特点就在于用户能够将自己的基础设施、数据以及应用等都放在运营商的平台中；同时云平台是以池化资源的形式进行的，传统的用户边界、应用边界、设备边界以及地理边界等都被打破。因此，一旦出现安全事故或者服务中断等现象，对运营商和用户的责任划分等，都需要相应的法律法规制约。此外，对运营商的进入门槛、境外运营商在国内的运行方式、在运营过程中如何对运营商进行有效监管，这都需要有关的法律进行适当规范。

二、云计算的研究热点

（一）研究云计算体系结构

云计算的基本原理是将计算分布在大量的分布式计算机中，这与本地计算机和远程服务器不存在联系，而企业数据中心的运行更同互联网有相似之处，这能够帮助企业将资源更快更好地放置在需要的应用中，按照需求访问计算机和存储系统。

1. 云计算体系的逻辑结构

云计算体系的逻辑结构如图 1-11 所示：

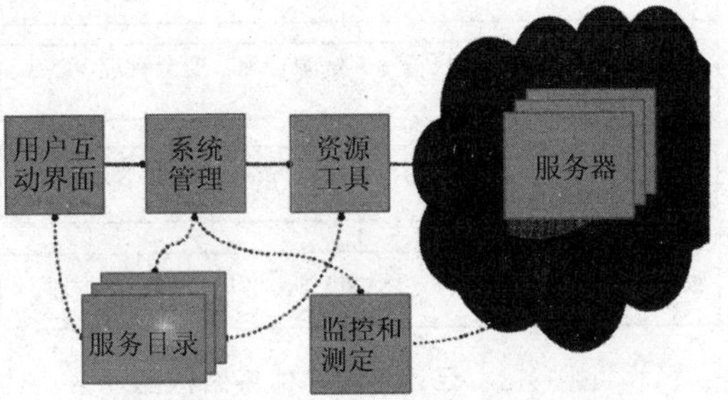

图 1-11　云计算体系的逻辑结构图

（1）用户互动界面：提供云用户请求服务的交互界面，同时也是用户使用云的入口，用户可利用 Web 浏览器进行注册、登录，以及定制服务、配置和管理用户。使用应用实例的方式与本地操作桌面系统是相同的。

（2）服务目录：云用户在获得权限后，可以按照自己的需要选择或定制相应的服务列表，同时也能够对已经定制的服务进行退订等操作，在云用户端界面生成相应的图标或以列表的形式展示出有关的服务。

（3）系统管理和资源工具：提供服务和管理，能够管理云用户，也能够对用户进行管理授权、认证、登录等操作，同时也能够管理可用计算资源和服务，接受用户发送的请求，按照用户请求转发至相应的应用程序，对资源智能地部署和应用，同时实现无间断地部署、配置和回收资源。

（4）监控和测定：对云系统资源的使用情况进行监控和计量，以此快速反应，完成节点同步配置、负载均衡配置和资源监控，确保资源能够合理有序地分配给合适的用户。

（5）服务器：虚拟的或物理的服务器，均由管理系统管理，主要负责对用户请求进行处理、大运算量计算处理、用户 Web 应用服务等。

用户则可以利用云用户端从列表中选择合适的服务，请求利用管理系统调度相应的资源，并利用部署工具分发请求、进行 Web 应用的配置。

2. 云计算体系的技术层次

云计算技术层次和云计算服务层次并不是一个概念，云计算体系的技术层次主要是以服务的角度对云的层次进行划分，这主要强调的是云服务能够为用户带来什么，而云计算的服务层次则主要是以系统属性和设计思想角度对云进行说明，主要关注点放在对软硬件资源在云计算技术中所担任的角色进行说明。从云计算技术角度而言，云计算包括物理资源、虚拟化资源、服务管理中间件和服务接口四个部分，如图 1-12 所示。

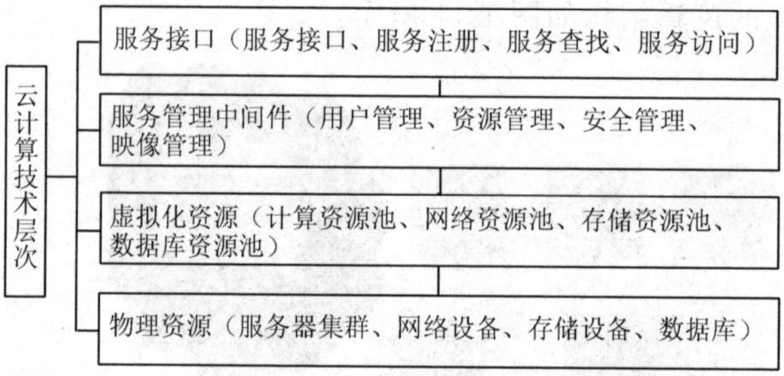

图 1-12　云计算技术体系结构图

（1）服务接口：对在云计算时代中使用的计算机各类规范、云计算服务的各种标准等进行了统一的规定。这是用户端和云端交互操作的入口，可以完成用户请求或服务注册。

（2）服务管理中间件：在云计算技术中，中间件处于服务和服务器集群中，主要是提供管理和服务，是云计算体系结构中的管理系统。主要任务是对标识、认证、授权、目录、安全性等服务展开标准化操作，为应用提供统一的标准化程序接口和协议，对网络资源进行统一的管理。

（3）虚拟化资源：指的是可以实现一定操作、具备相应功能但是本身是虚拟的而并非真实的资源，例如计算池、存储池、网络池等，利用软件技术来实现相关的虚拟化功能。

（4）物理资源：这主要指的是能够支持计算机正常运行的部分硬件设备和技术，这既包括价格低廉的 PC，也包括价格比较昂贵的服务器等设备。在云计算时代，本地计算机已经无须像传统计算机一样具备足够的硬盘、大功率的处理器和大容量的内存，只要具有一些必要的硬件设备即可。

（二）研究云计算支撑平台

在云计算的逐渐发展和成熟的过程中，研究机构和科研人员在云平台设计和实现方面进行了大量研究实践工作，满足不同应用需求的云计算平台不断出现，下面选取几类进行分析。

1. Cumulus

Cumulus 是一个在不断发展变化中的云计算项目，主要应用场景是为科学计算应用程序提供虚拟机、虚拟应用程序和虚拟计算平台。Cumulus 的体系结构如图 1-13 所示。

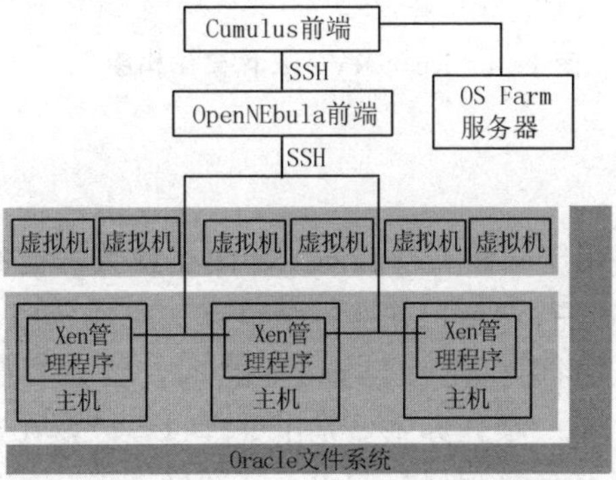

图 1-13　Cumulus 的体系结构图

Cumulus 的前端节点是 Cumulus 的访问初期点，主要用来接受用户虚拟机操作的请求。而 OpenNEbula 作为本地虚拟机管理系统，主要用于管理分布式的服务器。操作系统 Farm 则是产生和存储 Xen 虚拟机映像和虚拟应用程序的服务。该系统将操作系统 Farm 当作一种虚拟机模板管理的工作。

Cumulus 前端节点是 Globus 虚拟工作空间服务的再现。Globus 虚拟工作空间服务主要包括两种软件：

第一是工作空间服务前端节点，其主要作用是接受虚拟机的请求，同时将这种请求分发到各类后台服务器中；

第二是工作空间控制代理，其安装在后台服务器中，利用与 Xen 服务器通信来选择工作空间。

2. RESERVOIR

RESERVOIR 主要是对当前无法实现的商业服务对系统性能的需求

进行了研究探索，RESERVOIR 的主要目的是建立一种根据服务开展的网络经济模式，实现跨越地域和平台的 IT 应用和服务，具体的体系结构如图 1-14 所示。

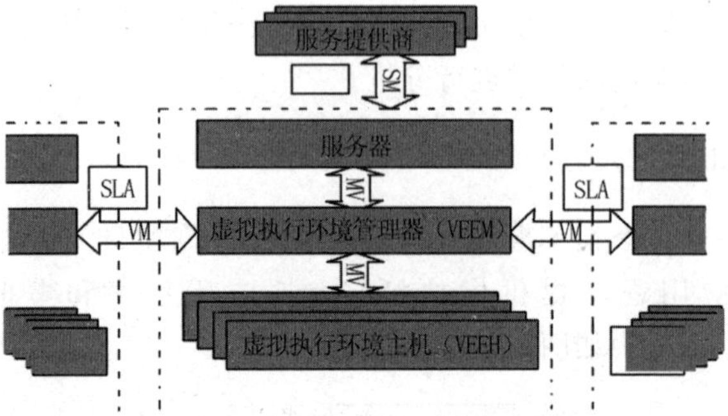

图 1-14　RESERVOIR 体系结构图

3. Dryad

Dryad 系统主要用于构建支持有向无环图类型数据流的并行程序，按照程序的要求对任务进行调度，并在各个节点上完成任务，Dryad 的系统结构如图 1-15 所示。当用户使用 Dryad 平台时，首先要在任务管理节点上建立自己的任务。每一项任务主要是由处理过程以及在这些处理过程上的数据传递构成的。任务管理器在获得无环图后，就会在程序的输入接口排队，当有可以使用的机器时就会对其展开调度。

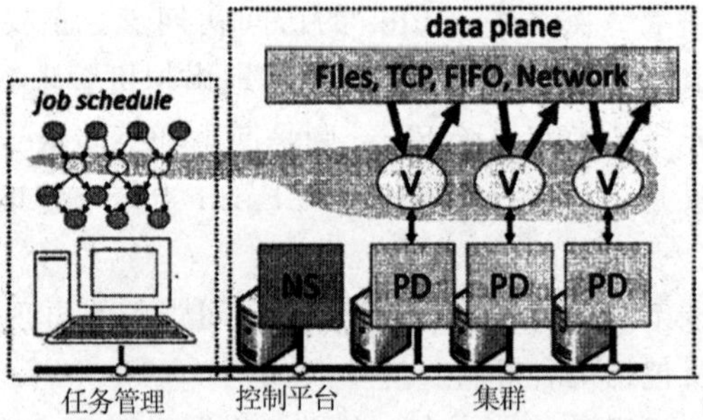

图 1-15　Dryad 系统结构

（三）研究云计算的安全性

1. 云安全概念

在云计算技术和理念的深入应用中，云安全逐渐成为云计算及安全界关注的重点。一方面云计算应用的无边界性、流动性等特点带来了很多安全问题；另一方面，云计算技术也对传统安全技术及应用产生了较为长远的影响。

“云安全”计划是网络时代信息安全的最新体现，其将各种新兴概念融合其中，利用网状的大量客户端对网络中的软件行为异常监测，获得互联网中木马及某些恶意程序的消息，以此推送到 Sever 端展开自动分析和处理，之后再将病毒和木马的解决方式下放至每个客户端。云安全的示意图如图 1-16 所示。

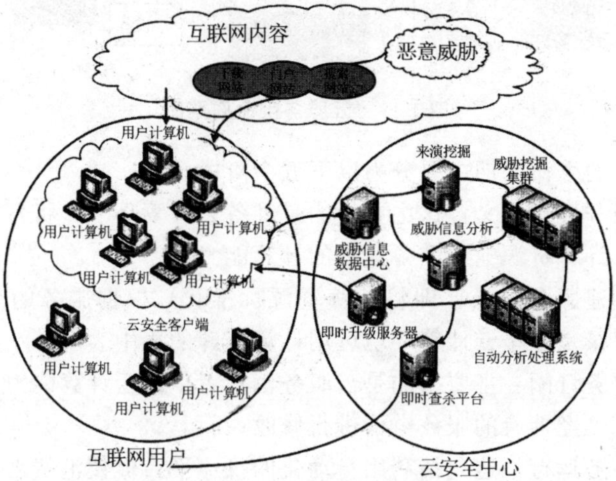

图 1-16 云安全示意图

2. 云安全应用研究方向

云安全应用研究主要包括以下三个方面。

(1) 云计算安全：主要对如何确保云计算应用的安全进行分析研究；

(2) 网络安全设备、安全基础设施的“云化”：这主要指的是利用云计算的虚拟化和分布式处理技术实现安全系统资源的虚拟化和池化，有效增强资源的利用率，提升威胁响应速率和防护处理能力；

(3) 云安全服务：云安全服务是云计算应用的一个分支，主要依靠云安全业务平台为客户提供安全服务。云安全业务按照服务模式可以被划分为两种：一种是直接向客户提供的服务，即 SaaS；另一种是开放给第三方或上层应用，即 PaaS 业务。

三、云计算中云服务的生命周期

云服务参考模型在对云服务架构的必要元素进行分析提出之外，更强调云计算是针对请求和服务的，是对按照服务的生命周期在各个环节完成云计算服务的实现。图 1-17 展示了云服务生命周期。

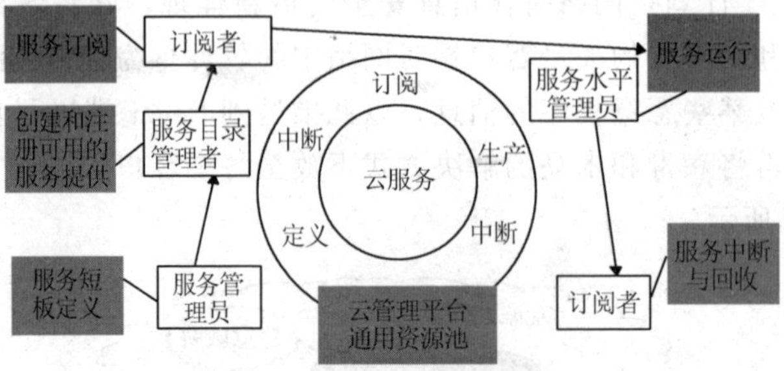

图 1-17　云服务生命周期图

云服务的生命周期主要分为以下五个阶段。

(1) 服务模板定义：这主要指的是准备云计算环节，将各类合适的资源划分到云计算资源池，准备标准的计算能力；

(2) 创建服务目录：即将计算资源标准化，根据服务的形式进行提供，服务目录是一个云计算环境可用计算资源的集中表现；

(3) 服务订阅：主要指的是云服务消费者申请云计算能力和服务，或者是对某个已经拥有的服务申请进行修改；

(4) 服务运行：这包括利用自动化的供应平台促使消费者在相应的时间获得一定的云计算资源，还包括对云计算服务的质量进行的保证。

(5) 服务终止：即消费者不再需要服务，服务就会被终止，资源也会被回收，而资源也会被重新放置到资源池使其能够再次得到利用。

云计算中云服务的生命周期按照业务需求会使云计算资源获得最大程度的使用，因此云计算服务部件需要进行资源计算，同时也需要对其生命周期进行管理的平台。云计算服务管理平台可以覆盖云计算服务提供需要的各个环节，主要包括以下五个方面：第一，服务申请和流程管理；第二，服务交付和回收，自动供应平台；第三，资源使用统计和计费；第四，服务质量监控；第五，其他的支撑服务，主要包括安全性等。

第二章　大数据时代云计算的安全挑战

云计算服务建立在宽带网络的基础之上，受到各种传统安全问题的威胁，再加上云计算系统有着巨大的规模，涉及许多用户的隐私数据信息，云计算的开放性与复杂性都使云计算系统面临着极为严峻的安全挑战。本章首先从技术安全、管理安全以及安全法律三个方面对云计算面临的安全挑战进行阐述，之后介绍了云计算个人用户和企业用户面临的安全挑战，最后又对云计算提供商所面临的安全挑战进行了阐述。

第一节　云计算带来的安全挑战

一、云计算技术安全挑战

从技术角度而言，和传统 IT 系统相似，云计算系统也包括终端、网络、服务器集群以及应用系统（支撑系统）等部分，而存在于传统 IT 系统中的各种安全问题也同样存在于云计算系统中。下文将对与云计算关系紧密的一些技术安全问题进行阐述。

（一）身份假冒

云计算为人们提供服务是建立在网络的基础上，所有的应用都需要放在云端，而网络是虚拟的，所以云计算需要面对的首要问题就是如何确认使用者的身份并确保其身份的合法性。

一些网络攻击者通过窃取或修改用户数据，窃听用户活动或利用窃取到的用户身份验证信息来恶意消费等，而服务器、客户端以及网络传输等多个环节都可能造成用户身份信息被窃取。所以，云计算安全方面的首要威胁就是身份假冒的问题，而为了使身份识别信息的安全性得到保障，使云计算系统的安全性得到提升，恰当的认证机制和管理极为重要。

（二）共享风险

为了使IT资源的利用率和灵活性最大化，实现资源的优化使用，云计算中会通过虚拟化的手段使多个用户共享软硬件平台，这有利于节约能源和硬件设备，同时有利于简化管理，使运营成本降低。但是，云计算服务是由多个租户共享的，一旦用户之间的隔离措施失效，一个用户就很容易侵入其他用户的数据或干扰其他用户应用的运行。此外，如果竞争对手正好使用了同一台服务器，或者一些黑客通过云计算对用户正常的服务运行专门进行干扰和破坏，这都会给用户安全带来极大的隐患。共享风险是云计算服务中特有的安全风险。

与物理主机相比较而言，云计算虚拟化技术的使用也带来了很多的风险。传统安全策划主要针对的是物理主机、磁盘列阵等物理设备，它不能对每个虚拟机或虚拟网络等进行管理，因此，以物理安全边界为基础而建立的传统防护机制不能对共享虚拟环境下的用户应用及信息安全进行有效的保护。虚拟化容易造成主机感染和恶意代码的传播，而且虚拟机的软件特性也容易造成存储在软件上的数据丢失，或者数据随着虚拟机一起扩散至不安全的地方。由于物理内存是由各个虚拟主机所共享的，所以用户的机密信息可能会通过物理内存造成泄漏，此外黑客会通过虚拟机进行拒绝服务攻击。所以，解决虚拟计算平台上软件的安全问题，尤其是虚拟机管理软件的安全问题，是增强云计算服务可信性的一种十分重要的手段。

（三）数据安全风险和隐私泄露

在使用网络的过程中，用户最关心的问题就是数据的安全性与隐私保护。数据的丢失、泄露和篡改是数据安全方面的三大风险，它们在数据储存、传输以及处理的各个环节都可能会发生。

具体来说，用户通过互联网将数据从电脑主机转移到云端上并对其进行管理，在这个过程中，一些黑客会使用木马程序对不安全的客户终端进行控制，最终造成重要数据的泄露或篡改。

如果安全措施没有做到位，在网络传输的过程中用户数据同样也会面临着泄露或篡改的风险，具体如图2-1和图2-2所示。

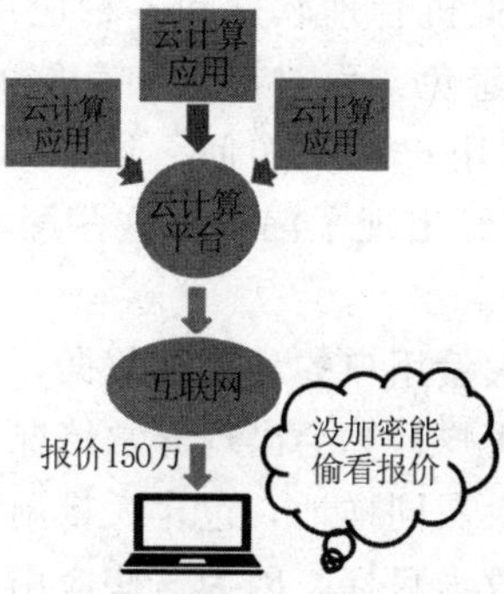

图 2-1　网络传输中的数据泄露风险

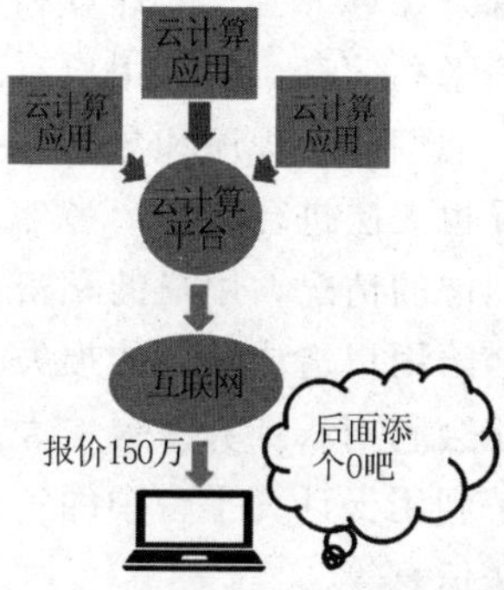

图 2-2　网络传输中的数据篡改风险

云计算中，对于用户来说，他们其实并不知道自己的数据信息具体被存储在哪台服务器上，这会使用户对数据的安全性产生忧虑。对于云服务提供商来说，他们在对数据进行存储时会采取安全隔离措施，通过设置访问权限对数据信息进行控制，不过一旦出现防护不当的情况，用户数据也可能会被泄露或篡改等。以 2009 年 3 月 Google Docs 系统为例，由于当时该系统出现错误，用户的私密文件可以被他人访问。另外，导致数据丢失的原因还包括存储设备的硬件出现故障和管理员操作出现失误等。

由于云计算中硬件资源是共享的，所以在将存储资源重新分配之前，云计算平台需要将前面用户的数据完整地擦除，否则新用户可能通过数据恢复技术将数据进行还原，这会使数据泄露出去。需要注意的是，如果云计算平台没有将存储在平台上的所有数据进行彻底删除，这些数据也可能会被非法恢复，也容易造成数据泄露。

（四）云计算平台业务的连续性

云计算平台的系统十分复杂，它以一些标准和协议为基础，包含大量软件，如操作系统、虚拟机管理软件和各种应用软件等，这就容易造成系统漏洞的出现且难以避免，而对计算和存储的防护不当会造成用户的重要数据被一些非授权用户非法访问，以亚马逊（Amazon）为例，其AWS主页的签名算法曾经出现了漏洞，这些漏洞最终影响到Amazon的SimpleDB和EC2。

云计算平台聚集了大量用户的计算和数据，当其出现软硬件故障或受到黑客的攻击时，大量用户计算会出现异常情况，进而导致数据丢失，这对于用户来说危害性极大。同样地，包含大量用户应用和数据资源的云计算平台也是黑客的重要攻击目标，因为这些应用和数据资源可以使黑客获得大量的“战利品”。

云服务供应商控制着云计算平台上的计算和数据，他们通过对用户行为进行分析来获取用户的隐私信息。但是用户对供应商使用程序和数据的情况是很难进行监管的，他们对于程序和数据是否得到正确保护，是否被窃取、篡改和滥用等情况也无法进行确认。另外，如果出现云服务供应商内部监控措施没有实施到位的情况，用户的私密信息也可能会被云服务供应商的员工盗取，这也会给用户造成极大的损失。

此外，犯罪分子可能会利用云计算平台中大量廉价的资源作为其犯罪的工具，例如，犯罪分子利用云计算平台中的资源暴力破解密码，发布恶意软件以及散播一些非法信息等。

（五）不安全接口

云计算的重要特征之一是开放性。按照应用的不同层次和一定的商业模式，通过提供标准API接口，云计算服务将硬件、平台以及应用软件等开放给用户，之后由用户将其集成到上层应用并按照个人需求进行使用。由于这些API接口是通过云计算服务直接对外开放，所以，API的安全性可以在一定程度上体现云计算服务的安全性。

不安全的API会使云服务面临直接暴露的风险。举例来说，如果API访问密钥丢失了，攻击者就可以直接对用户数据进行访问，这会造成用户敏感数据的泄露。总之，如果API出现漏洞，攻击者就可能绕过虚拟机管理器的安全控制机制，掌握云计算服务系统的管理权限，这将带来灾难性的后果。

二、云计算管理安全挑战

云计算服务模式的重要特点之一就是数据所有权和管理权的分离。用户对云计算系统不是直接进行控制，云计算服务提供商主要为该系统提供防护，但他们对于用户的上层应用也不是十分清楚，所以用户与云计算服务提供商需要在安全界面上达成统一。如果双方的安全责任区分不清就极容易产生新的安全风险。用户如果将自己的数据外包给云计算服务提供商，或者只是委托其对自己所属的应用进行运行，那么对于该数据或应用，云计算服务商就享受优先访问权。如果用户使用云计算模式，就相当于其将很多影响安全问题的决策权和管理权降低或放弃了。在上述情况下，云计算服务提供商的连续服务能力和管理规范程度等都对用户数据和应用的安全性产生直接的影响。云计算在管理方面面临的安全挑战主要包括以下几点。

（一）人员管理风险

人员管理风险主要包括内部人员管理风险和用户管理风险。

内部人员管理风险主要体现在云计算服务提供商的内部人员失职，尤其是具有高级权限的管理员，他们的失职行为可能导致用户的数据泄露，更有甚者还有内部人员将用户的数据盗卖给竞争对手，这都会给用户的数据安全造成很大的威胁。

用户管理风险主要体现在云服务提供商对用户登记的管理不严格，具体来说，就是任何人或组织注册云服务时没有限制，并且可以立即使用，这会给网络犯罪分子提供便利，他们可以通过云计算来发动进攻或发送恶意软件，对其他用户的安全造成威胁。

（二）安全责任风险

用户与云计算服务提供商在安全职责方面的划分主要与云计算的几种服务模式有关，它们分别为 IaaS，PaaS 和 SaaS。服务层次的高低与服务提供商安全职责的多少成正相关，层次越高，服务提供商的安全职责就越多，反之亦然（如图 2-3 所示）。采取综合保护的措施是保障数据安全的必要途径，这需要用户和服务提供商共同承担，其中用户主要负责信息内容安全，服务提供商则要负有一定的监管职责。

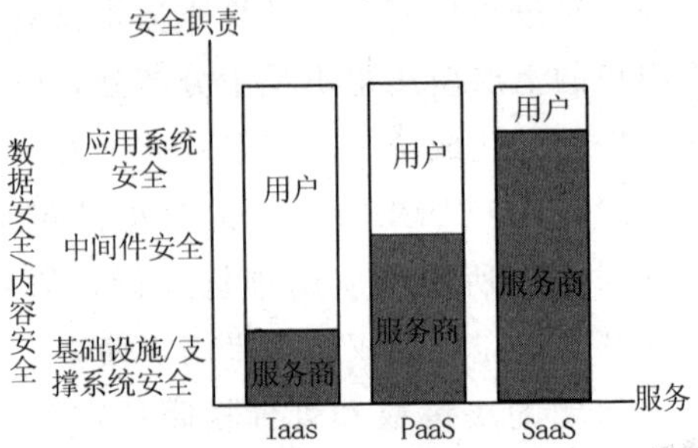

图 2-3 **云计算服务安全职责划分**

（三）合规风险

一般来说，在使用云计算服务之前用户会与云计算服务提供商签署服务协议，用户使用服务存在的一个风险就是他们不清楚服务提供商是否真正履行了协议。例如，数据有没有按照用户的要求被存储在其指定的区域，不需要的数据是否已经被彻底删除等，这些内容云服务提供商是否能够按照约定认真履行，用户其实无法监测。

（四）运营管理风险

运营管理风险包括多层服务模式风险和连续运营风险。

多层服务模式风险指的是云计算服务提供商一方面对外提供服务，另一方面他们也需要从其他云服务商那里购买自己所需的服务，这样就使得用户获得的云服务需要间接涉及许多服务提供商，这种多层转包的服务很大程度上使问题变得更加复杂，这就造成了安全风险的进一步扩大。

连续运营风险指的是云计算服务商可能出现破产或者被其他大公司收购的情况。一旦出现这种情况，用户需要确认自己的数据是否会受到影响，云服务提供商将会怎样拿回自己的数据，而替代的应用程序中是否又可以导入这些数据。

（五）安全监管风险

云计算服务模式给安全监管带来了一定的风险。与传统的安全测评方式相比，云计算平台的测评与认证方式已经有了根本性的变化。我国正在建设的等级保护安全测评体系，其实施主要针对的是一个信息系统的静态模式和框架，如果发生动态变化，整个体系的安全等级划分和边界也难以确定，这都给安全监督带来了极大的挑战。

另外，云计算平台庞大的规模与复杂的体系，都给信息安全等级保护体系的规范增加了难度。从网络空间监管的角度来说，传统的 Web 等开放式网络环境是目前监管预警体系针对的主要对象，该系统很难实施对云计算服务业务的监管和控制，这使得司法机关在对网络犯罪进行侦破、取证以及责任认定时难度增加，加大了打击网络犯罪的困难程度。

云计算的高度动态性使网络内容监管的难度增加是不可否认的事实。一方面，云计算的动态性特征使得一个网站服务的建立和关闭十分容易且成本较低，这就导致一些含有不良内容的网站经常以打游击的形式在网络上进行迁移，这增加了追踪管理和内容监管的难度。另一方面，云服务提供商一般都有国际性的特点，这意味着其数据存储平台上的网络数据可能会超出本地政府监管的范围，或者是相同国家或地区的不同区域，它们各自之间监管的法律和规则也可能有较严重的冲突，一旦有安全问题出现就很难进行公平的裁决。

三、云计算安全法律风险

从本质上来说，信息安全其实就是要保护信息系统或信息网络中的信息资源，使其免受各种干扰、威胁与破坏。建设信息安全保障体系过程中不可或缺的一个环节就是法律环境建设，这个环节极为重要，必须通过相关的法律法规对信息安全的基本原则和制度、信息安全中各方权利与义务的划分以及信息安全保障体系的建设等进行明确的规定。

云计算具有虚拟性和国际性的特点，这些特点最终也导致很多监管和法律层面问题的出现。一方面，云计算应用的地域性较弱，但是信息的流动性很大，用户数据或信息服务可能在不同的国家或地区都有分布，但不同国家或地区的司法系统是不同的，它们在政府信息安全监管等方面可能会出现差异和法律纠纷，这些都是潜在的法律风险。另一方面，由于不同国家或地区对于数据丢失责任、数据知识产权保护等的司法解释可能并不相同，因此，一旦出现安全问题，谁该对此负责就是一个大问题，而且因为虚拟化等技术使得用户之间物理界限比较模糊，这容易造成司法取证困难，这也是一个不能令人忽视的问题。

（一）主要国家或经济体有关计算机犯罪的立法情况

从维护信息安全方面来说，发达国家已经建立了比较完善的法律法规体系。以美国为例，作为世界上第一个引入信息战概念的国家，它对于危害信息安全的犯罪行为十分重视并给予大力打击，同时它重视信息安全法律法规体系建设，目前已形成比较系统的法律法规体系并且不断对其进行更新，从而使信息安全的法律保护不断得到加强。

欧盟在 2001 年 11 月出台了第一部反网络犯罪的国际性公约——《网络犯罪公约》，它对网络犯罪行为的主要形式进行了确定，主要包括以下几类：

（1）侵犯计算机数据或系统的机密性、完整性和可用性的犯罪，包括数据和系统干扰、非法访问或截获以及设备滥用等罪名。

（2）侵犯著作权或与其相关的犯罪。

（3）与信息内容有关的犯罪，包括与儿童色情有关的犯罪。

（4）与计算机有关的犯罪，包括伪造犯罪、诈骗犯罪等。

事实上，目前各个国家的法律对上述网络犯罪的内容都有所涵盖，但是，因为各个国家的政治、经济、文化等都存在较大的差异，所以各国对信息安全有关的法律规定也不尽相同。

（二）信息监管和隐私保护风险

很多国家或地区都禁止将某些数据存储在本国或本地区之外的物理机器上，它们制定了严格的隐私保护法并对违反这些法律的行为进行严厉地处罚。

关于信息监督和隐私保护，各个国家也存在很大的差异。美国有关的法律有爱国者法案、萨班斯法案等。以爱国者法案为例，它授权美国的执法者在反恐目的下，如果获得法庭批准可以不经你的允许就检查你的个人记录等数据信息。在法国、德国等国家的积极推动下，欧盟于 1995 年通过了《数据保护指令》，其对云计算的主要规定就是在没有特定承诺机制的情况下，欧盟不允许将居民的个人信息从欧盟转移到美国或世界上其他大部分国家；2001 年欧盟又制定了《网络犯罪公约》，内容涉及密码监管等。

（三）计算机犯罪取证风险

计算机犯罪取证指的是利用计算机软硬件技术，通过合法的方式对计算机破坏、入侵、欺诈等犯罪行为进行取证、保存、分析和出示的过程，它也被称为电子取证或数字取证。从技术角度而言，计算机犯罪取证需要对受侵的计算机系统进行扫描和破解，通过先进的辨析技术，重新建立计算机入侵事件的过程，并从中搜寻罪犯及其犯罪的证据。

因为云计算是建立在网络存储的基础上，所以想要在法律诉讼中提供所需的数据，就必须确保这些数据的存储服务是符合法定的保护数据的时间限制要求。但是数据很可能在不同的地方存储着，因此一旦超出司法管辖的范围就很难再收集证据，即使可以收集也很可能只有一部分证据。此外，云计算的虚拟性特征也增加了收集证据的难度，因为资源的动态分配，数据在重新进行分配时就会被清除掉，这对于证据的收集十分不利。

由于云计算存在多租户、虚拟化的特点，如何对数据进行分离就成为云计算取证时需要面临的一个技术问题。云计算服务提供商在为法院提供数据时，要把虚拟化的数据组合成一个副本并对法院要求的数据进行隔离，与此同时，其他用户的敏感数据也要得到应有的保护。如果云计算服务提供商提供不出这个数据，那么整个硬盘可能都会被法院拿走，这对于云计算服务提供商而言将会造成极为严重的后果。

（四）跨境法律管辖权风险

互联网是没有国界限制的，用户在使用云计算服务时并不清楚自己的数据被存储在世界各地的哪个数据中心里。云计算服务提供商与其使用的数据中心可能不是同一个国家，那么存放在其他国家的数据既不能被本国法律法规直接管辖，还可能会被其他国家依据本国的法律进行审查，这样就容易使遭受损失的用户不能通过自己国家的法律手段追讨自己应有的赔偿，一些保密性要求极高的领域对此是难以接受的。

传统的刑事管辖主要包括属地原则、属人原则、保护原则和普遍管辖原则。其具体内容如下：

· 属地原则：凡是在本国领域内发生的任何犯罪活动，无论是本国人还是外国人都适用于本国刑法。

· 属人原则：本国人适用于本国法律，前提是这个人是本国的公民。

· 保护原则：一个外国人在国外犯有危害某个国家主权和安全的罪行，一旦其进入这个国家的国境之内，该国便可对其行使管辖权。

· 普遍管辖原则：它以保护国际社会共同利益为标准，凡是发生国际条约规定的侵害国际社会共同利益的犯罪，无论罪犯的是本国人还是外国人，也无论犯罪的地点是否在本国领域都适用本国的刑法。

一般来说，一个国家不会只采用一种管辖原则来确定自己的管辖范围，我国刑法规定了我国以属地原则为基础，以属人管辖为原则，保护管辖和普遍管辖为补充的形式管辖原则。

按照我国刑法第 8 条规定，如果在我国领域外，外国人对我国和我国居民有犯罪行为能够适用我国刑法，但有三条严格的限制条件：

一是我国和我国公民的利益被其犯罪行为侵害；

二是按照我国刑法规定，其最低刑罚必须是三年以上有期徒刑；

三是其犯罪行为按照犯罪地的法律规定也需要受处罚。

上述限制条件表明，一个外国人在中国领域外犯罪且满足最低刑三年以上有期徒刑的规定，如果其犯罪地的法律判定其不受处罚，那么这名外国人也不适用我国刑法。

在云计算应用中可能会产生更加复杂的司法管辖权问题，因为入侵者、云服务的用户和运营商、云计算应用使用者、应用系统以及数据的存储地点等所属的国家可能都不同，这实际上给世界各个国家和地区都带来了极大的挑战。

第二节　云计算用户面临的安全挑战

目前，云计算服务相关的法律法规并不完善，有效的第三方的监督机制也没有完全建立。在这种情况下，对于用户而言，他们缺乏对云计算应用运行和数据存储的管理和控制权限，只能将安全性建立在对云服务提供者的信任之上，但是，这种缺少监控和审核的信任其实是非常不安全的。所以，对于云计算的这种服务模式用户需要有清楚的认识，用户必须考虑与云服务提供者达成有效的契约，这份契约要详细且具有约束力。

一般来说，数据的安全性是云计算的用户都十分重视的问题，但是在选择云计算服务时，不同类型的用户对安全的考虑和要求点也会各有不同。下文分别从个人用户和企业用户的角度进行分析。

一、个人用户

从个人用户的角度来说，他们会担心隐私的泄露，所以在使用云计算服务时个人用户重点关注的问题是隐私保护。云计算作为一种新的模式，它需要为用户提供安全的数据存储与网络服务，但由于用户的数据是存储在远程服务器中而不是本地的计算机上，这就容易给数据的保密性带来安全风险。

（一）客户端隐私风险

云计算存在的基础是现有的分布式网络，网络上的每一台计算机都可以当作云计算的一个节点。计算机一旦联上网之后就会成为互联网的一部分，若计算机缺乏有效的安全保护，云中的任何一台计算机通过某种手段都将能够访问到其他节点。实际上，用户在电脑上的操作都会留下访问痕迹，而一些商业性的公司可能会通过 cookie 对用户浏览过的网页等上网活动进行窥探，甚至有些公司会利用僵尸程序对用户的电脑进行控制。在云计算中数据是异地集中存储的模式下，从客户的角度来看，实现云计算的关键所在就是信任问题。如果没有在制度上得到有公信力的第三方的保证，云计算运营厂商数据中心很难得到用户的信任，因为用户会质疑自己将数据放入运营商的数据中心是否真的安全。

（二）网络传输风险

就像使用电脑中的本地资源一样，用户使用云计算提供的 IaaS、PaaS、SaaS 三种服务时也十分方便。但是，这其中也少不了网络传输的过程，一旦网络服务因为技术原因而中断，那么用户对于放在云中的所有数据也将无计可施，例如 2008 年 Google Gmail 和 Google Apps 在线服务在 8 月 6 日和 8 月 7 日中断了 15 小时，这种云计算故障给用户带来了很大的影响。

此外，网络传输的过程中需要面临数据包被非法攻击、修改、窃取或破坏等隐私问题。所以，要想使云计算得到普及，网络传输的稳定和安全是必须关注的关键问题。

（三）服务器端风险

大部分的云计算隐私安全问题都是在服务器端出现的。在云计算的模式下，数据都是集中存储，物理资源共享虽然带来了很大的便利，但是由于单纯地依靠机器或网络的物理边界防护很难保障数据的安全性，这实际上给数据带来了很大的安全和隐私风险，进而也使用户管理和服务器端数据管理的难度增大。

服务器端的安全风险主要来自以下三个方面：

(1) 云计算的存储安全。它涉及的主要问题包括数据的隔离与恢复，数据的存储位置以及数据的长期生存性等。当客户将数据存储在云中之后，数据的控制权就从用户转移到了云服务提供商，一些不法分子可能会通过某些非法途径从云服务提供商手中得到客户的隐私资料。另外，客户对于数据在云中的存储位置是确定不了的，因此他们也就很难对数据的安全性进行评估。此外，当云计算的设施出现故障时，客户端还存在数据无法访问的风险，客户对于数据是否还存在、数据是否能够长期生存都充满了不确定。

（2）人员管理问题。此处的人员管理指的是所有能够登陆云计算平台的各种人员的管理，包括客户、云服务提供商和运维人员等。从客户的角度而言，他们来自于世界的各个地方，同一时间的注册用户和在线用户的数量是随时变化的，云计算需要解决的一个大问题就是使用户的登录权限以及正确访问自己资源的权利得到保证。从云服务提供商的角度而言，他们需要重视的一个大问题就是如何防止其他云服务提供商对己方客户的数据进行非法窃取和利用。从运维人员的角度而言，他们主要负责数据的存储和备份，并按照不同数据的安全等级对其进行分类管理，在此过程中他们需要登录客户的系统来进行数据分析，所以，云服务提供商必须保证这些特权用户不会危及用户的数据安全。

（3）云服务提供商的监督、管理和审计。在云计算的环境中，云服务提供商负责数据的安全，但其为客户提供的服务并不是完全透明的，所以客户并不清楚数据的存储位置以及云内部对数据是如何处理的，一旦有意外情况发生，用户对于自己的数据将要面临何种状况将一无所知。

二、企业用户

对云计算安全性的顾虑是企业用户应用云计算时最大的阻碍。一方面，用户不确定商业公司提供的云计算服务是否安全，是否值得信任，因此他们不确定是否可以将重要的信息数据放心地托付给商业公司进行管理。另一方面，用户对云计算运行所需的网络环境安全与否也不能确定，毕竟网络堵塞或网络攻击造成的网络瘫痪可能会使云计算服务中断，这会造成严重的安全事件。此外，云计算技术本身和与其相关的软件和硬件设备也存在安全问题。下文从企业用户的角度分析其在信息安全管理方面面临的风险。

（一）失去控制权的风险

当企业需要转向基于云计算的计算服务时，很多问题的控制权将由企业转移到云计算服务提供商手上，这很可能会给数据安全造成不好的影响。

在传统的数据存储模式中，由于应用程序是在用户自己的计算机上安装着，数据就存储在本地，所以用户对数据有着绝对的控制权。但是当企业使用云计算服务后将会失去对物理设备和数据存储的控制权。与企业用户相比，云计算服务提供商有优先访问权，那么企业用户最担心的问题就是服务提供商的管理人员是否会窃取商业机密。

此外，除了对物理设备的控制权，企业对主机系统和应用程序的控制也受到了很大的限制。因为在传统模式中，企业用户能够通过入侵检测和安全漏洞扫描等技术手段对系统的安全性进行评估，而采用云计算后，由于其多租户的特性，一个用户的操作可能影响到其他用户，所以双方需要按照已经签署的服务协议进行操作。

（二）服务中断或迁移的风险

云计算服务的基础是网络，当企业将自己的运营系统转移到云计算系统之后，如果云计算平台出现故障或其运营系统的网络连接中断，那么云计算服务也就中断了，这将对企业的正常运营造成极大的影响。

现在云计算服务并未形成统一的标准，服务提供商各自之间的系统接口互操作难度很大，一旦企业需要更换云服务提供商，那么企业的数据和应用在迁移的过程中会有风险存在。此外，如果云服务提供商不再提供服务了，那么企业需要面临的一个较大的风险就是其存放在云计算系统的数据是否能够顺利取回。

（三）服务连续性风险

为了保证一些重要的业务功能对客户、提供商和其他需要访问这些功能的实体是可用的，企业必须保证业务的持续性，它是公司或组织在非云计算的环境下的职责所在，因为完备的 IT 基础设施使得公司或组织有能力也有资源进行有效的业务连续性计划。而在使用云计算的情况下，企业需要授权云服务提供商来维护业务的持续性，但这也导致公司或组织对制定和执行业务连续性计划的控制权丧失。所以，灾难一旦发生，没有足够能力保证业务连续性的公司或组织就很可能会遭遇风险。

（四）安全责任风险

在非云计算环境下，系统安全责任由企业独自承担，而在云计算服务中，则由企业和云服务提供商二者共同承担，所以在服务界面上可能存在的风险主要是企业和云服务提供商的责任与分工不清楚。

（五）云服务提供商选择风险

以美国为例，萨班斯法案是美国上市公司必须遵守的重要法律，该法案对IT系统的内部控制有严格的要求，它明确规定了公司管理层的职责之一就是承担设立和维持一个内部控制结构，这类企业在使用云计算服务时，必须按照相关规定对服务提供商进行选择。

许多公司的内部，IT系统对财务报告流程起着驱动作用，它与财务交易中的开始、批准、记录和处理等活动关系紧密。总体来说，保证财务报告内部控制有效性的基础是IT系统，所以，为了满足萨班斯法案的内部要求，将IT系统转移到云计算平台的企业在使用云计算服务时，也必须保证企业的服务提供商符合萨班斯法案的要求。

第三节　云计算提供商面临的安全挑战

与传统的IT业务不同，云计算是一种新型的计算模式，对于云计算服务提供商而言，这也是一种新的安全挑战，主要表现在两个方面：一是对云计算系统安全防护的挑战，云计算以服务的形式将平台、软件和基础设施提供给用户，从而不间断地为用户提供服务并对其数据安全提供保护；二是对安全运营体系和管理模式方面的挑战，由于云计算能够提供跨地域的服务，计算能力十分强大，同时数据的管理权和所有权是分离的，等等，这些特点都要求云计算服务提供商要通过合理有效的管理来解决安全问题，各分支节点需要相互配合起到联动的效果，此外，用户要保证不滥用云计算资源，内部管理人员要保证不越权，同时必须对运营范围内的信息安全进行监督和管理。

云计算业务能够持续开展的前提是云计算服务稳定、可靠以及安全，但不可否认的是，云计算提供商运营过程中也面临着许多安全挑战。

（1）云计算服务运营在技术层面面临的安全挑战。举例来说，云计算的动态虚拟化管理和多租户共享模式容易产生运行环境安全问题；相同的物理资源上可能绑定了若干个虚拟资源，这容易产生资源复用的问题，有可能会导致数据信息的泄露；软件中有安全漏洞、虚拟化软件本身有缺陷等，使用户的数据被其他用户访问等。为了规避上述风险，云计算服务提供商需要全面系统地对云进行加固，这不仅包括网络层面，还包括系统层面，要建立和完善权限管理、认证服务等安全机制。

(2) 对于云服务提供商目前的安全运营管理体系，云计算跨地域提供服务，再加上云计算系统的庞大和繁杂，这些都给云计算服务提供商带来了很大的挑战。

传统 IT 业务的运营管理模式（如图 2-4 所示）一般是用户数据集中存储于服务提供商的单一系统中或者是某个分支节点的子系统中，这种管理模式比较简单，就是系统基础设施和业务数据的运营管理与组织是对应的，各分支节点的运营相对来说比较独立。

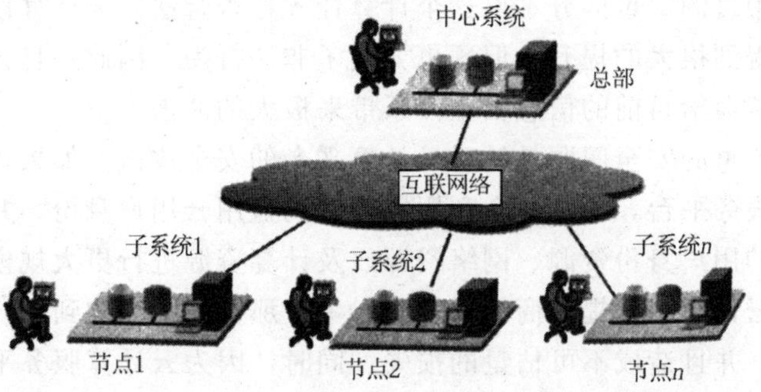

图 2-4　传统 IT 业务的运营管理模式

与传统 IT 业务运营管理模式相比，云计算的业务运营管理模式（如图 2-5 所示）变化较大，数据的管理与系统基础设施不再是一一对应的关系，数据的存储区域可能分布在不同的地方。如果云计算系统出现故障或遭受到攻击，这时就需要相关节点配合联动，这不仅对运营维护人员的水平提出更高的要求，也给系统安全运营管理带来了极大的挑战。

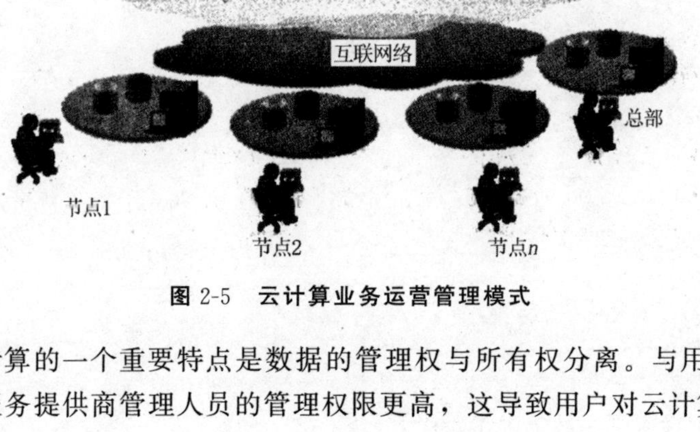

图 2-5　云计算业务运营管理模式

云计算的一个重要特点是数据的管理权与所有权分离。与用户相比，云计算服务提供商管理人员的管理权限更高，这导致用户对云计算的安全性产生了很大的担忧。因此，云计算服务提供商不仅要采取必要的技术措施，还要对云服务提供商管理人员的权限进行科学的分配，同时要制定合理有效的管理制度和流程，这有助于对管理人员将用户机密数据泄露的行为加以约束和遏制。

(3) 云计算平台强大的计算能力可能会使网络攻击者利用计算资源来从事违法犯罪行为或者是进行恶意攻击，这对于云计算服务的安全运营是一种巨大的挑战。

云计算平台可以为用户提供强大而廉价的计算能力，但是它识别不出用户的使用目的，也区分不出这个计算任务是否合法。云计算使计算的效率和能力得到很大的提升，但这也方便了非法行为，因此一旦云计算被不当使用，就会给目前的信息安全体系带来极大的冲击。

更加严重的安全问题是针对云计算平台的安全攻击，如果攻击者控制了云计算服务平台，那么他会利用安全漏洞盗用云用户身份，并通过这个平台庞大的用户身份资源、网络资源以及计算资源进行更大规模的攻击行为。如果云计算服务提供商成了攻击对象，那么这会影响到云计算服务的大量用户，并且造成不可估量的损失。同时，因为云计算服务平台具有动态特性，所以很难对这种攻击进行定位追踪。

第三章　大数据时代云计算应用安全体系及关键技术

云计算是传统 IT 领域和通信领域在技术进步、需求推动以及商业模式转换中出现的结果，其推动了各类新的业务形态和部署模式的产生。本章以云计算安全体系为关键，对身份认证与访问管理、加密与密钥管理技术、VPN 与传输安全、灾难备份与恢复等主要技术为焦点，对大数据时代下云计算应用安全体系展开新的探究与思考。

第一节　云计算安全体系

一、云计算架构安全模型

云计算安全技术是信息安全逐步扩展到云计算范围的创新研究领域，其是按照云计算的有关安全需求，对云计算架构中的各个层次进行分析，利用传统安全手段和按照云计算所设计的安全技术模式，实现云计算的运行安全风险的降低。无论是传统数据中心，还是云计算模式，多数的业务处理都是在服务器端进行的，而传统的数据服务对关键业务服务器具有一定的依赖性，但云计算模式对服务器集群的依赖性会更强。服务器集群一般包含了大量相互连接的服务器，而其中有些服务器出现错误故障后，部分服务器上运行的应用和数据将会转移到其他服务器上，运行中的服务可以利用这种方式从故障中迅速恢复，用户甚至感受不到这种业务的终端，因此，以云计算为基础的应用服务具有持续性、安全性和可靠性的特点。

对云计算的安全问题进行研究是以云安全体系架构为基础的。对于安全体系架构，开放安全联盟将其表述为“一种人为设计的产物，对如何应用安全控制、与整个 IT 体系结构具有何种关系进行了充分表述。此外，这些控制措施的主要任务是维护系统的质量属性，例如机密性、完整性、可用性等。”

图 3-1 是按照 CSA 的云计算安全思想设计的云架构安全模型，这个模型将云安全所关注的内容和云计算所能够实现的框架结合起来，完成对资源和服务的系统安全分析。云计算的终极目标是组建 IT 即服务，能够使各类用户获得有需求的 IT 资源，同时云计算安全的目标是保障这种资源服务能够完整地交付给用户。

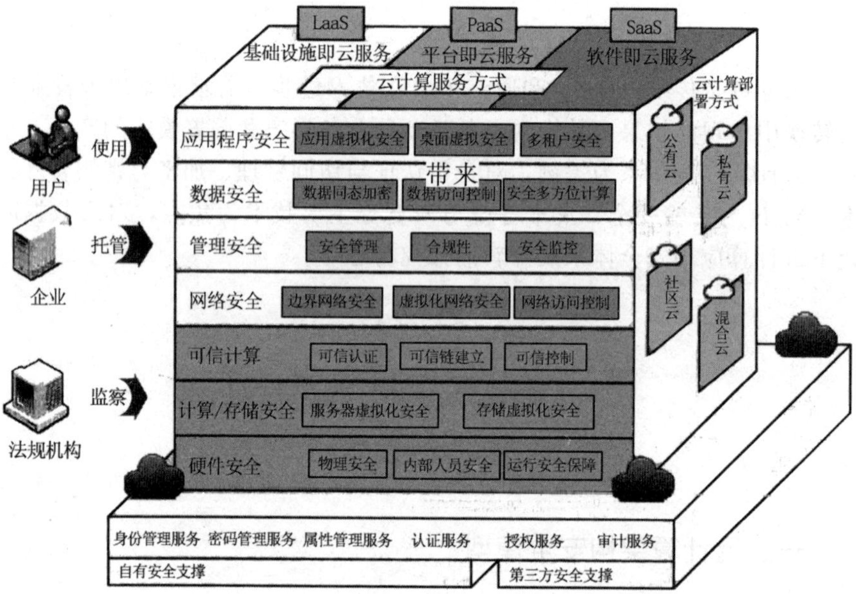

图 3-1 云计算架构安全模型

按照图 3-1 云计算架构安全模型，对各个层次的安全关注点进行分析。

(1) 应用程序安全：重点在已经位于云中的应用程序的安全。可以利用软件开放生命周期管理、二进制分析、恶意代码扫描等方式对应用程序展开安全检测，同时也能够利用 WAF 应用防火墙等技术保证应用程序安全。

(2) 数据安全：这能够保证用户业务数据信息不被泄露、更改或者丢失。利用数据泄露防护技术、能力成熟度框架、数据库行为监控、密码技术等方式保证信息的机密性、完整性等。

(3) 管理安全：利用公司治理、风险管理、合规审查、身份识别与访问控制、漏洞分析与管理、补丁管理、配置管理、实时监控等方式来实现管理安全。

(4) 网络安全：利用网络的 IDS/IPS、防火墙、深度数据包监测、安全 DNS、抗 DDoS 攻击网关等方式实现网络层面的安全。

（5）可信计算：利用软硬件可信根、可信软件栈、可信 API 和接口保证云计算的可信度。

（6）计算/存储安全：利用以主机为基础的防火墙、IDS/IPS、完整性保护、审计/日志管理、加密和数据隐藏等方式实现计算安全。

（7）硬件安全：利用物理位置安全、闭路电视、安保人员等在硬件方面确保安全。图 3-2 是云架构安全模型所关注的安全内容在云计算环境中的参考控制点。云计算环境中安全措施的作用域和控制点需要按照云服务的调用路径进行设置，在用户使用云服务的过程中，会经过如图中所显示的控制领域，这些领域同时也是安全措施会重点部署和管理的区域。

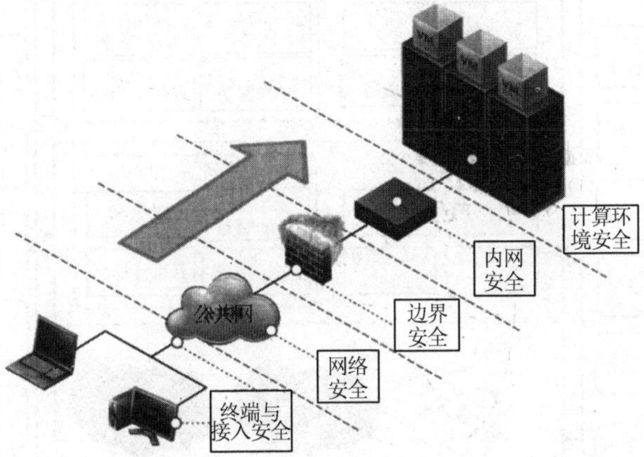

图 3-2　云架构安全模型控制点

（8）终端与接入安全：确保云用户能够接入云计算环境的安全性，利用瘦、胖客户端的用户认证方式、网络接入控制机制、操作系统及应用程序补丁安全、病毒库升级等。

（9）网络安全：用户至云计算环境边缘的网络连接的安全性，主要涉及请求、相应数据在传输过程中的机密性、完整性以及不可否认性等。信息在多样的网络环境中会遭遇各类情况，因此保证云计算环境与用户的安全连接具有十分重要的作用。

（10）边界安全：云边界安全是对传统数据中心边界防护的继承与发展，除了原有的防火墙、入侵检测、安全审计外，还要包括流量清洗、内容审计以及负载均衡等机制。

二、针对服务建设的云计算安全体系

一系列完整的云计算安全体系是针对解决云计算安全问题所建立的，我国信息安全专家冯登国教授提出了云计算安全服务体系，如图 3-3 所示。这个体系主要展现了云计算针对服务的特征，涉及云计算安全服务体系与云计算安全支撑体系两个部分，为实现云用户安全目标提供了相应的技术支撑。

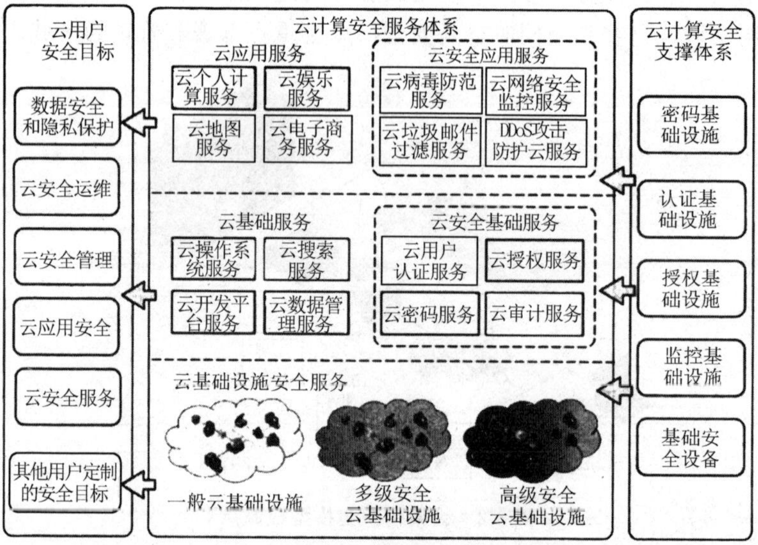

图 3-3　云计算安全服务体系

（一）云用户安全目标

在云计算安全服务体系中，用户的第一安全需求即数据安全与隐私保护，要规避云服务商恶意泄露或者出卖用户的隐私，或者是避免在搜集和分析用户数据的过程中，对用户的深层次信息进行挖掘等不当行为的出现。攻击者可以借助分析企业主要业务系统流量而验算出其内在的运营模式，又或者是按照两个企业之间的信息推算出其间可能产生的合作关系。虽然对企业来说，这些数据并非至关重要的信息，但是这些机密一旦被云服务商泄露给竞争对手，就会对受害企业造成极大的负面影响，甚至是在市场环境中处于被动的竞争地位。数据安全与隐私保护存在于用户生命周期的创建、存储、使用、共享以及销毁等各个环节，这同各个参与服务的云服务商都有一定的关系，数据安全同时也会是企业用户选择云服务商的主要关注点。

云用户还有一个主要需求，即安全管理与运行维护，能够保证在不泄露其他用户隐私同时不干涉云服务商商业机密的前提下，帮助用户获得需要的安全配置信息和运行状态信息，同时在一定程度上帮助用户部署实施专用安全管理软件，进而对云环境中的业务执行情况展开多层次的认知与控制。

（二）云计算安全服务体系

云计算安全服务体系主要是由系列的云计算安全服务组成的，其能够搭建出云用户多样化安全需求的服务平台环境。按照云计算安全服务体系的不同层次，可以划分为云基础设施安全服务、云安全基础服务、云安全应用服务三种。

1. 云基础设施安全服务

云基础设施服务主要是为上层云应用提供有关计算、存储、网络等IT资源服务的，这是保证整个云计算体系安全运行的关键。云基础设施安全具有两个层面的意义：一方面，云基础设施安全能够抵御来自外部的攻击，解决各种安全事件；另一方面，它能够向用户证明云服务商对数据与应用具有一定的安全防护和控制能力。

在解决外部攻击方面，云平台要对传统计算平台中面临的安全问题进行及时分析，选择适当、全面的安全措施。如在物理层对计算环境的安全进行考察；在存储层对数据加密、备份、完整性监测等进行考量；在网络层对拒绝服务攻击、数据传输机密性等进行考察；在系统层解决对虚拟机安全、补丁管理、系统用户身份管理等安全问题；在应用层主要是针对程序进行完整性检验和漏洞管理。

此外，云平台还需向用户证明自己具有能够进行数据隐私保护与安全控制的能力。比如，在存储服务中保证用户数据能够以秘密的形式保存，同时也能够对数据文件的完整性进行检验，在计算服务中能够证明用户代码是在受保护的内存中安全运行。但是因各个用户在安全需求方面都存在一定的差异，云平台能够提供不同级别的云基础设施安全服务，各个等级间利用防护强度、运行性能或管理功能的不同展现出差异。

2. 云安全基础服务

云安全基础服务属于云基础软件服务层，为各种云应用提供信息安全服务，这是保证应用满足用户安全目标的主要手段。其中比较有代表性的云安全服务项目如图 3-4 所示。

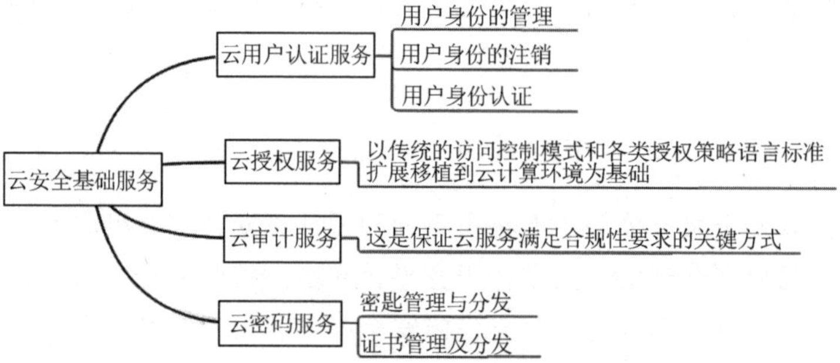

图 3-4　云安全基础服务项目

3. 云安全应用服务

云安全应用服务与用户的需求是紧密结合的，形式多样，这也是云计算在传统安全领域中主要的发展方向。比较有代表性的云安全应用包括 DDoS 攻击防护服务、僵尸网络监测与监控服务、防垃圾邮件服务等。因传统网络安全技术在抵御能力、响应速率、系统规模等方面皆存在一定的制约因素，不能够满足日渐繁杂的安全需求，云计算的优势在此时得到突显，其强大的规模计算能力和海量存储能力，能够有效增强安全事件采集、关联分析以及病毒防范等性能。在利用组建超大规模的安全事件信息处理平台过程中，能够增强全局网络对安全态势的感知和分析能力。除此之外，还能利用海量终端的分布式处理能力实现对安全事件的统一采集，在上传至云安全中心后能够进行分析，以此增强安全事件集聚和实时处理的能力。

（三）云计算安全支撑体系

云计算安全支撑体系能够为云计算安全服务体系提供关键的技术与功能支撑，其主要的内容如图 3-5 所示。

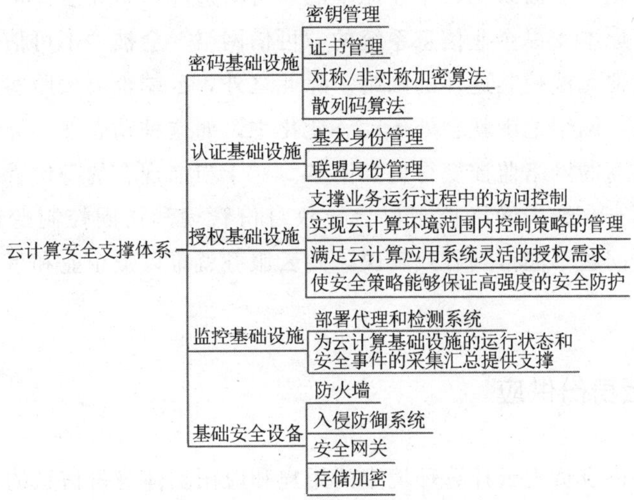

图 3-5　云计算安全支撑体系核心分类

第二节　身份认证与访问管理

一、云计算对身份认证的影响

在传统的计算模式中，企业信息系统的软硬件设施通常都存在于企业内部。企业内部的计算机、网络以及路由器等设备会组建出一个能够被企业信息系统管理员所掌控的网络，即“可信网络”，同时处于网络边缘的边界路由器和防火墙之间会形成“可信边界”，这会将内部的“可信网络”与外部网络相隔离。通常情况下，这种“可信边界”是静态的，企业内部的 IT 部门主要负责“边界”的监控，企业的网络和系统都要在企业的“可信边界”内。在这种模式中，因全部的 IT 资源会处于企业的完全控制中，因此企业实现身份管理和访问控制也就变得更加简单。

企业若将部分或者是全部的业务迁移至云端，就会引发情况突变：在加入云服务后，企业会将部分应用工作放在企业自己的网络中，而将另一部分工作放置在云端网络中，这两个网络会组成企业信息系统运行的支撑网络，此时“可信边界”会消失，而“可信网络”也会随着“可信边界”

的消失而淡化。显而易见，企业原本的“可信边界”是无法保护这样的网络存在的，原本支撑企业信息系统的“可信网络”会被“不可信”的网络替代，企业便无法控制这样的网络。除此之外，云端也会按照实际情况进行资源供给，网络范围就会处于动态变化中，而这种动态性会导致企业和云服务提供商的网络监控变得更加困难。对于当前现有的身份管理和访问控制技术而言，缺少网络控制权会导致身份管理和访问控制变得更加困难，若上述问题不能得到有效解决，则云服务就难以被企业和事业单位所使用。

二、云身份供应

云身份供应负责云计算环境中的用户和应用实体身份信息的建立和撤回。通常来说，云服务会要求先注册相应的身份信息，每个身份信息会代表一个人、一个组织。云服务商会利用维护身份信息来支持识别、认证、授权、审计等。

（一）需求与挑战

在 IaaS 云计算环境中，身份供应需要按照数据中心的权限管理规定进行。登录 IaaS 云计算环境的用户角色包括审计管理员、系统管理员、网络工程师以及防火墙管理员等。

而 PaaS 云计算服务模式则主要采取两种形式供应身份信息：一种是由云身份服务商供应身份信息；一种是由企业用户自己供应身份信息。企业用户内部通常由专门的身份供应系统负责身份供应。PaaS 云服务首先针对开发人员，其次也服务于定制应用的终端用户，因此身份供应主要是以这两种用户为主要对象。

1. 云身份供应的需求

云计算环境中，身份供应的需求包括以下三类：

（1）快速支持和同步

在传统的计算模式中，企业内部的身份供应系统会按照人力资源部所提供的人力资源信息来供应和同步企业内部的用户身份信息。但这个过程主要发生在企业信息系统可信边界内，因此身份供应比较容易实现，身份同步也比较迅速。但是，企业要将业务迁移到云中，身份供应和同步就会在企业和云服务商之间展开，这就会大大降低运行的速率。

(2) 身份的自主供应和自动撤销

云计算环境中，身份的供应过程十分复杂。通常情况下，云服务商同意由用户自主供应，这也是身份供应的主要形式之一。同时，当用户身份信息将要过期或者用户违规行为与撤销条件相一致时，云服务商将会自动撤销该用户的身份。

(3) 隐私保护

部分身份信息属于用户的隐私信息。在云计算环境中，尤其是在公有云计算环境中，资源是用户所共享的，隐私能否得到有效的保护是用户十分在意的问题。

2. 云身份供应的挑战

在云计算环境中，身份供应主要面临以下挑战：

(1) 缺少标准支持。

身份供应技术在飞速发展，但是却没有制定出与之相配套的标准。现有的标准在云身份供应和管理过程中的管理和制约力度远远不够。

(2) 现有的解决方案多为专有解决方案

专有方案的不足就是通用性不高，难以扩展，更难推广。当企业需修改信息系统或需要引入新的信息系统时，现有的身份供应方案是无法继续支撑开展的，此时就需要使用新的方案。

(3) 身份供应 API 过少

当前云计算环境中所能够提供的身份供应 API 很少，多数云服务商仅能利用简易的 Web 页面来进行身份供应管理操作。因此，用户很难按照自己现有的身份供应 API 构建自己应用系统的身份供应模块。

(二) 云身份供应解决方案

当前云计算环境中，身份供应面临的最大阻碍是尚未有统一的标准。因此，想要解决这一问题就只能将现有的身份供应标准作为统一标准使用。当前的身份供应标准是服务配置标记语言（SPML）。云服务商能够提供同服务配置标记语言相对应的支持，要引入云服务中的企业用户，需要按照服务配置标记语言标准对自己的身份信息数据库进行修改或扩充。SaaS 服务商、PaaS 服务商以及 IaaS 服务商对服务配置标记语言的支持方式如图 3-6 所示。

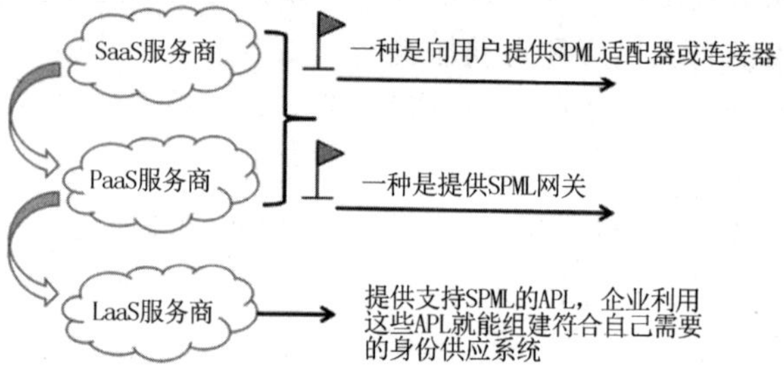

图 3-6　云身份供应的不同解决方案

值得注意的是，无论在何种云技术环境中，身份供应机构都需按照时间规定对用户账号信息及权限进行及时审计，对未授权用户进行及时删除，按照最小权限原则分配用户权限。

（三）基于 SPML 的身份供应

SPML 是结构化信息标准促进会研发的以 XML 为基础的身份供应语言和架构，主要任务是实现合作企业之间的用户信息、资源信息和服务信息的交换。作为一种身份供应标准，SPML 已经获得部分云服务商的支持。在 SPML 获得支持的前提下，SaaS 服务商就能实现向新用户提供身份供应的服务。新用户的身份信息会利用 SPML 令牌传递给云服务商，云服务商会从新用户的 SPML 商获得信息，建立 SPML 消息，对身份供应服务请求进行处理。身份供应服务会按照顺序将用户身份信息添加到云用户身份信息数据库中。以 SPML 为基础的身份供应如图 3-7 所示：

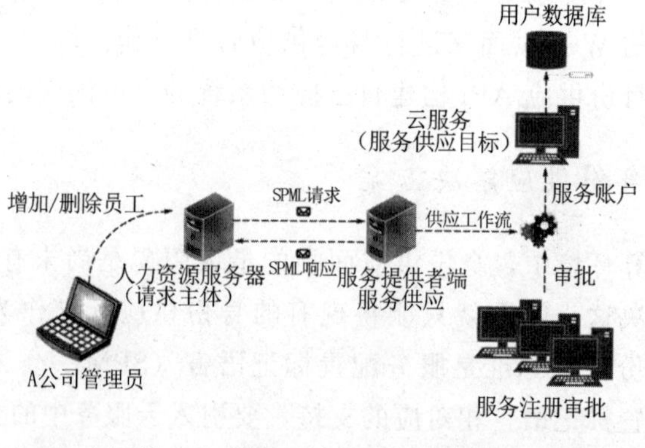

图 3-7　基于 SPML 的身份供应

在云计算环境中为企业员工创建账户时，企业内部人力资源服务器上运行的 Web 身份供应客户端会根据 SPML 的协议要求，将用户的身份信息安排好，之后向云端的身份供应服务器对云端的身份供应服务发出SPML请求。身份供应服务器在获得请求后，会向云端的服务注册审批服务器发出审批请求。在审批通过后，服务器将会把身份信息储存到相应服务的身份信息数据库中，到此整个账号构建过程基本结束。

三、云身份认证

认证是对用户所提供的访问凭证是否有效进行验证或确定的过程。用户可以是个人、应用或服务，全部的用户都要在被认证后才能进行资源访问。若缺少有效的认证方式，授权就会丧失意义。当企业开始使用云计算环境中的应用时，身份认证就会成为企业面临的一大困难。

身份认证方式有以下三种：

（1）密码认证：使用用户名、密码的形式对用户身份进行识别，使用最多的口令认知就属于密码认证。这个方式实践起来较为简单，同时效率更高，但安全性程度较低，属于弱认证方式。

（2）证物认证：使用智能卡或USB Key等形式的物证来进行身份判断，这个方式比较简单，同时安全性也更高，但管理起来较为复杂。

（3）生物认证：使用人自身的一些具有唯一性的生物特点来进行身份验证，这种方式安全性较高，但实施起来比较复杂，成本也更高。

（一）云身份认证的需求和挑战

1. 云身份认证的需求

云计算环境中，身份认证的主要需求包括以下几种：

（1）使用强认证方式

在任何时间、任何地点，以任意一个终端设备进行访问服务是云计算的重要服务理念。在这个环境下，传统网络中现有的、使用频率比较高的弱认证方式容易被抓住漏洞，会导致用户的隐私和数据遭到泄露。因此，使用强认证形式就显得尤为重要。

（2）认证级别的动态调整

云服务商提供的服务较多，各类服务的重要性和安全性要求也各有不同。因此，不同安全级别的服务也要使用不同形式的强认证方式。通常情况下，完成低级别认证的用户无法访问高级别的服务；而完成高级别认证的用户是可以访问低级别的服务。

（3）支持认证委托

企业用户使用云服务后，企业信息系统基本会处于两个域中：一个是企业自身，另一个是云服务商。在隐私保护的考虑中，用户基本不会将自身的身份信息传递给云服务商，在这种情况下，云服务商就无法对用户身份展开认证，用户身份认证过程就需要委托给用户自身或用户所信任的第三方认证机构。

2. 云身份认证的挑战

云计算环境中，身份认证的主要挑战包括以下几种：

（1）凭证管理

在云计算身份认证环境中，凭证管理是主要问题。凭证管理涉及口令管理、数字证书管理和动态凭证信息管理。保护凭证的有效方式是制定和执行凭证保护策略。

（2）认证兼容

在对成本、管理负荷、用户接受度等进行仔细考虑后，用户和云服务商可以使用多种认证形式，部分用于内部应用访问认证，部分用于外部应用访问认证。比如某些高风险或高价值的行业用户通常会使用强认证形式和多因子认证形式，但是这些形式都可能导致与部分云服务或云应用提供的认证方式不统一。认证兼容是当前云服务商和企业共同需要解决的问题。

（二）云认证的解决方案

云计算所提供的环境是一个多租户环境，在这种环境中，最好使用强认证的形式来保证数据和隐私安全。智能卡、令牌等强认证方式在企业网络中使用的比较普遍，企业需要将这些技术应用到云中。支持强认证的渠道包括两个，第一是由云服务商提供，第二个则是由购买服务的企业提供。

IaaS 云的特点直接决定了它的认证服务主要是由用户自己进行创建，SaaS 云和 PaaS 云的认证服务都是内置于平台。IaaS 云的认证对象包括两类：一类是企业用户的信息系统管理员，主要负责对应用进行部署和管理；另一类是信息系统普通用户，即雇员、消费者或合作单位。管理员可以使用虚拟专用网 VPN 来认证身份，若企业可以使用单点登录形式或

LDAP 来实现认证服务，就要选择虚拟专用网。若无法部署虚拟专用网，企业就要支持各类形式的认证协议，这些协议使用了 SSL 这样的 Web 加密标准，支持企业在外部实现身份联合与单点登录。

云端的认证服务最好不要使用专用性和局部性较强的方案，尽量遵守认证工业标准。当前，已有的认证工业标准是 OAuth，企业使用符合 OAuth 标准的解决方案，就不会局限于一个服务供应商。

（三）以 OAuth 为基础的云身份认证

为了满足用户服务请求，在某种情况下，一个云中的应用可能会访问另一个云中的应用，即展开跨云访问。在这种云计算环境中主要使用已有的认证协议 OAuth，这个协议也正在成为业界认证标准，其支持用户将存储在一个云中的私有资源信息同其他云用户共享。在这个共享的过程中，用户的认证信息是不会被暴露的。OAuth 是一个趋于开放性的协议，制定这个协议的目的在于利用安全 API 实现认证。对于应用开发者来说，OAuth 是一种发布和交换数据的方式。对于云服务商而言，OAuth 可以在确保信息安全的前提下，提供一种能够访问云中数据的方式。图 3-8 为我们展示了 OAuth 的身份认证过程。

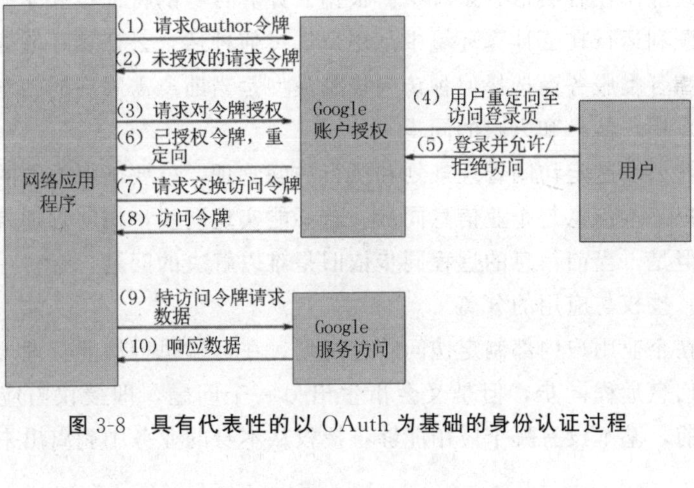

图 3-8　具有代表性的以 OAuth 为基础的身份认证过程

四、云访问管理

访问管理是以预定模型的方式对资源的访问过程进行管理的技术。访问管理的任务是在尽量满足用户最大限度资源共享需求的前提下，实现对用户访问权限的管理，避免信息的泄露和滥用。访问管理可以为通过身份认证后的合法用户提供需要的服务，同时会拒绝用户的某些越权服务请求，以此确保用户在系统安全轨迹中有序工作。

（一）云访问管理的需求与挑战

1. 云访问管理的需求

云计算环境下的访问管理需求和企业内部的访问控制需求主要体现在以下三个方面：第一，云服务商要具备能够在多租户的环境下提供访问管理功能；第二，访问管理要支持用户基本信息和规划信息的远程提供，还要支持云端访问管理有关信息的定期更新；第三，访问管理要既要支持个人用户和企业用户，还要支持单点登录。

2. 云访问管理的挑战

当前，云计算环境下访问管理面临的挑战主要包括以下几点：

（1）访问管理模型的选择

访问管理主要是先选择合适的访问控制模型。目前已经有大量的访问控制模式应用在各类信息系统中。根据云计算自身的特征，并非所有的模型都能顺利运行在云计算环境中。用户选择何种适合云计算环境的访问管理模式和各类服务商选择何种访问控制模型是当前急需解决的问题。

（2）用户信息和方式的同步

若在云端制定访问管理规划和执行访问管理，就要确保云端的规划信息和用户基本信息与企业信息同步，若不能实现同步，访问管理就会出现失误。但是，当前信息的远程同步依旧是难以解决的问题。

（3）授权与应用的分离

若在企业用户内部制定访问管理规划，在云端执行访问管理规划，就能实现信息远程同步，但是又会衍生出另一个问题，即授权与应用的分离。当前，基本没有哪个应用能够将授权从本身的业务中剥离出来。

（二）云访问管理解决方案

1. 访问管理模型

访问控制模型主要分为三种：自主访问管理、强制访问管理、以角色为基础的访问管理。具体内容如表 3-1 所示。

表 3-1　访问控制模型的分类

类型 属性	自主访问管理	强制访问管理	以角色为基础的访问管理
内涵	资源访问的授权通常由资源的所有者，即创建者进行自主实施	指的是用户和资源都具有一个相对固定的安全属性，系统用这个属性来决定某个用户能否访问某个资源	每个用户都被分配了一个或多个角色，角色即其业务分工，每个角色都被分配相应的权限
优势	灵活性高、可扩展性强	安全性高，能够抵御木马攻击	安全性高、功能强大、简单易操作
劣势	不能抵御木马的攻击，安全性低	不够灵活	——
适合的数据访问管理类型	适合非结构化数据	适合以资产或信息的种类来实现访问控制	适合事务处理服务

2. 访问管理规划

访问管理规划主要包括规划的格式、传输、制定以及执行等方面的问题。

访问管理的主要依据是用户的信息。在云计算环境中，开展访问管理的位置会根据用户类型产生差异。对个体用户而言，访问管理通常在云端进行；而对企业用户而言，访问管理既可以在云端，也可以在企业内部，同时也可以在第三方平台进行。若缺少统一标准，则由云服务商、企业以及第三方自己设计规划格式，这就会导致出现无法支持的情况。当前访问管理规划格式工业标准已经制定完成，但是从实际情况层面来看，即使按照统一的标准，还是会发生不同商家的规划格式无法兼容的现象，主要体现在发送方和接受方在请求信息中所使用的名称和语义无法达到一致。

规划传输的情况与规划格式有相似之处，若企业和云服务商都各自进行自己的规划传输机制制定，就会出现互不兼容的情况。规划传输可以使用定期批量传输和实时传输的方式。

在保护隐私的前提下，企业是不赞成将用户的基本信息传输到云端的，这导致访问管理变得更加困难。此外，传输延迟或其余原因也会导致云端用户数据和企业的用户数据不一致，进而引发访问控制错误。解决这两个问题的办法就是将规划制定和规划执行分别执行，由掌控用户基本信息的企业进行规划决定，而云服务商进行规划的执行。

3. 用户基本信息

用户的基本信息是访问管理的基本依据，因此要保证用户基本信息的正确与可靠。信息源的选择与用户类型具有密切关系。对于个人用户而言，用户本身就可以作为基本信息的主要来源。但是对企业用户而言，用户的基本信息需要来自企业。

云服务商获取用户基本信息的方式很多，选择何种方式不仅与用户类型有直接关系，同时也与选择何种单点登录策略具有密切关系。对个人用户而言，收集用户信息的方式即让用户自己去注册自己的基本信息。若云服务支持 Self – proven 类单点登录方案，那就能从服务供应商处获得用户基本信息。但是，这些机制都不能提供云服务商所需要的基本信息，因此还需要用户自己提供部分信息。企业的用户基本信息可以利用 SPML 来完成传输。若使用以 SAML 的单点登录形式，那么服务所需的用户基本信息就能放入到 SAML 声明中同 SAML 声明一起完成传输。

4. 审计追踪

审计追踪是访问管理中需要完成的一个关键任务。因此，访问管理活动要产生相应数量信息的日志以此满足审计的需要。当前还没有统一的标准日志格式。云服务商和企业用户需要共同明确日志中应体现的信息，对如何保护信息的机密性、完整性进行研究。云服务商要做到当用户访问自己的日志信息时不会将其他用户的日志信息错传给他。企业用户关注的信息主要涉及：账户创建人、账户权限以及授权人等。若使用身份联合，日志就能确保云端的信息和企业内部有关信息实现同步。

第三节　加密与密钥管理技术

一、数据加密

数据加密是当前保护数据中最常见的方式之一，但是在云计算环境中，加密技术也面临新的挑战。用户数据转移到云中会导致数据外包，即用户的数据不会完全掌握在用户自己手里。因此，即使数据在进行存储和传输时可以完成加密，但数据在转变为密文后失去了部分特定，这会导致多数数据分析方式无效。凭借现有的技术水平，在进行计算、检索等操作时，数据需要以密文的形式存在，但是数据在云中解密后安全性又会受到威胁。因此，云计算技术人员渴望获得一种数据外包的安全存在方式，既能确保外包的数据是密文状态，同时数据也可以进行及时的操作，但并不会泄露数据内容。

（一）传统加密方式

加密/解密算法与密钥是密码学中两个重要的概念，其中密钥即控制加密/解密算法的一对参数，对同一个明文获得的不同的密钥，就能够得到不同的密文。按照密码体制所选择的密钥，可以划分出对称密钥加密和非对称密钥加密两类。对称密钥加密即共享密钥加密，主要特点是加密和解密需要使用相同的密钥，同时通信双方需要获得这一密钥。对称密钥加密通常应用于加密大量数据的场景。按照对明文信息的加密处理形式，对称密钥加密的一般分为分组密码和流密码两类。非对称密码加密即公开密钥加密，其会使用两个不同的密钥，其中公钥的加密/解密算法是公开的，私钥是保密的。

（二）同态加密方式

同态加密也是一种加密技术，在使用这种技术的同时可以在密文上进行指代数运算，这样得出的运算结果与在明文上进行指定的代数运算是具有一致性的，而得到的密文结构在重返给用户解密后就能够得到需要的明文操作结果。

根据同态计算的操作，同态加密方式可以分为部分同态加密，即在明文上进行一种同态代数运算、加法以及乘法；全同态加密，即支持加法和乘法，这将有效增强加密的功能。

（三）安全多方计算

安全多方计算的主要任务是针对一组互不信任的参与方之间存在的保护隐私的协同计算问题展开合理解决。在进行问题解决的过程中，要保证输入的独立性和计算的正确性，输入的各个数据值不能透露给其他参与计算的成员。

安全多方计算适应于不同的场景，如图 3-9 所示。按照场景的不同，安全多方计算协议的类型也会产生差异。但总的而言，这些协议对安全性需求是相同的，不同场景中的安全多方计算可以利用不同的方式来实现。当前，安全多方计算的研究主要放在对普适安全性、公平性、效率等方面。

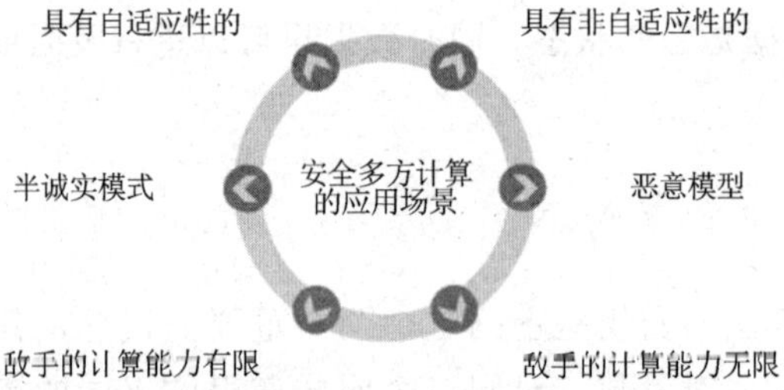

图 3-9　安全多方计算的不同场景

二、密钥管理技术

在互联网的迅猛发展中，与互联网技术有关的标准化工作也获得了长远发展，信息的传播快速化和分享的及时性对信息安全造成了一定的影响。在当前开放式的网络协议架构中，加密算法等安全机制因成为标准而趋于公开化。在一定程度上，信息系统的安全性与密钥的安全具有相关性。从以往的黑客攻击事件来看，以密钥管理漏洞为关键进行密钥破解相比于破译密码而言，成本更加低廉。在当前环境中，密钥管理是现代密码学领域中比较困难的部分。

密钥管理从出现就是一项比较复杂而细致的工作，这其中既有技术问题，也有管理问题，下面将对这些内容展开详细介绍。

（一）密钥生成

算法的安全性与密钥息息相关，若用一个程度较弱的密钥产生方式，就会导致整个系统处于弱级别。因为密钥产生算法一旦被轻易破解，就不存在去破解加密算法的价值。一个好的密钥标准应该是：具有足够的长度，增强暴力破解的难度；要尽量“随机化”，防止猜测攻击。

对于公钥密码而言，获得密钥就更加困难，这是由于密钥需要满足某些数学特点，例如素数、二次剩余等。

（二）密钥分发

在对称加密中，一般需要由信息加密方利用安全的方式将密钥发送给解密方。例如，可以使用规范、合格的快递公司进行传送服务。但是在对安全通信的需求逐渐增加中，为了增加加密密钥的交换便捷性，降低交换成本，人们会利用“官方认定的”安全途径传递用在加密密钥的密钥，由此就能将密钥在加密后利用公网传递给信息解密方。为了强化保密性，还能够将一个密钥划分为不同的部分，可以对不同的部分进行二次加密，之后利用不同的信道进行发送。在非对称加密中，合理使用一些预先措施，就能更快更好地解决密钥的分发问题。

（三）密钥验证

密钥在传输的过程中可能会发生多种错误，因此需要增加一些检错和纠错机制来保障传输。错误一经出现，就能及时得到发现，在必要情况下，密钥可以进行重新传输。

当前比较常见的方式是发送方先使用密钥加密一个常量，之后将密文的前 2～4 字节与密钥一同发送。接收端在接收完密文解密后能够得到明文，若接收端对明文加密后，获得密文的前 2～4 字节能够同密钥接收到的数据相符合，就证明传输正确。

（四）密钥的维护与更新

在密钥需要进行不断的更改时，进行密钥分发的频繁更改就变得异常复杂。一般的解决方式是从比较旧的密钥中获得新的密钥。但是在实践中，若共享同一密钥的双方能够做到时间同步，那么其可以使用一个单向函数进行操作，就会获得相同的密钥更新结果，以此确保通信的畅通。

（五）密钥存储

密钥存储指的是使用一种相对安全的方法对密钥进行保存。密钥在存储时需要确保密钥的机密性、完整性、认证性，以此预防密钥的修改和泄露。任何被存储在硬件中的密钥都需要被加密，密码操作员掌握具体的操作口令。因此，即使硬件设备遗失，密钥的安全性也能够得到保证。

（六）密钥备份

现实存储密码中，意外常有发生。在存储密码的设备遭到破坏时，密码却没有遭到泄露，此时密钥备份对于实现应用系统的日常运行十分重要。密钥备份的主要方式有密钥托管、密钥分割等。

其中密钥托管是相对简单的密钥备份方式，只要求用户将自己的密钥上交给密钥托管中心，之后密钥托管中心对密钥进行备份即可。一旦用户的密钥丢失，根据有关的规章制度，用户就可以到密钥托管中心获取其密钥。

（七）密钥有效期

加密密钥不能无限期使用，不同的密钥应该有不同的有效期。

密钥加密密钥则不需要经常的更换，因为其只应用于偶尔的密钥交换。与其相类似，数据文件的加密密钥也不能进行经常的变换，这是因为过大的文件数据量和较长的加密时间会给攻击者带来更多的意外机会。一般每个文件会用唯一的密钥加密，之后再使用密钥加密密钥将所有的密钥加密，此时的密钥加密密钥可能会被记忆下来，也可能会被保存到一个安全的地点。

（八）密钥销毁

若密钥需要定期更换，旧密钥就要进行及时的销毁。一般情况下，因计算机网络通信机制的存在，当由计算机操作系统控制销毁过程时，是无法确保计算机中全部的密钥被安全销毁的，此时密钥有极大的可能依旧存在于内存、临时文件或者交换文件中。除此之外，若密钥在硬盘中会被删除，可以利用数据还原软件对数据进行恢复。比较提倡的做法是：使用一个安全、特殊的删除程序，对全部的磁盘和内存进行检查，以此保证密钥被真正删除。若密钥之前是存在硬盘中的，要多次重新覆盖之前存储的实际位置，必要时需要将硬盘销毁。

第四节　VPN 与传输安全

云计算组建了一种数据存储、处理和传播的新方式。这种方式促使更多的“胖”数据中心和“瘦”终端得到展现，用户的数据会存储在云计算数据中心，这代表着更多的数据需要穿越过广阔的网络展开传输工作。在技术发展的浪潮中，只有确保传输的机密性和可靠性，才能使用户真正与云计算相结合。可以利用当前网络安全技术中已有的研究成果 VPN（虚拟专用网）保障云计算环境下数据的传输安全性。

一、VPN 的工作原理

VPN 被当作是利用公网，即 Internet 建立的一个临时的、安全的连接，是一个穿过公网的安全、稳定的虚拟私有广域网。此处提及的“虚拟”，指的是用户不需要具有实际的长途数据链路就可以使用公网；“私有”指的是用户可以为自己制定出一个与自己要求相符合的网络。

VPN 的核心是隧道技术。隧道是利用 IP－in－IP 或 IPX－over－IP 技术实现的，即将一个数据包当作另一个 IP 包的负载进行处理，如图 3-10。

Media	外部目的C	外部源B	内部目的D	内部源A	用户数据

图 3-10　IP－in－IP 形式的 IP 外包

VPN 网络中一般还需要搭配一台或多台认证服务器。其中，远程拨入用户认证服务器是比较重要的部件。按照 RADIUS 服务器上的用户中心数据库信息，VPN 设备会对用户进行访问权限控制。与此同时，对于被访问的设备，RADIUS 服务器还需要向其发送虚拟专网中用户的 IP 地址、用户的最长接入时间和该用户能够被允许使用的电话号码。VPN 设备会根据这些内容，完成对用户的身份验证，若情况一致，就会同意建立隧道通信。

二、VPN 的主要特性

VPN 不需要某个公司的专有封闭线路或者是租用某个 ISP 提供的专线，但是其也具有类似专线的数据传输功能，总体而言，VPN 的特点主要表现在以下几个方面：

（1）成本低廉：投资小，只用购买有关的 VPN 设备，同时向本地 ISP 购买相应的带宽接入服务。

（2）高可用性：利用购买 ISP 的宽带接入服务，部分维护责任就会转移至 ISP。若公网中的一个 VPN 节点坏了，就可以使用公网的另外一个节点进行替代。

（3）强安全性：利用加密技术保证数据包能够在公网上进行安全地传递，能够实现端到端的安全性。

（4）强可扩展性：可以从公网动态中申请网络资源，展开 VPN 的动态扩展和维护，以此保护投资，减少网络投资成本。

在 VPN 所具有的特性中，安全性是最主要的，各种 VPN 产品都要具备和支持这一特点。

三、VPN 关键技术

VPN 是在不安全的 Internet 中进行的，因此需要使用有关的安全机制来保证 VPN 的安全通信。VPN 的关键技术包括：隧道技术、加解密认证技术、密钥交换技术以及访问控制技术等。

（一）隧道技术

1. IPSec

IPSec 指的是 IP Security（IP 网络层安全标准），可以为 IP 层引入安全特性，同时为数据源提供身份验证、完整性检查和机密性保证机制。这是一组协议，涉及安全协议以及为这些安全协议协商安全参数的密钥管理协议部分。安全协议通过封装安全载荷（ESP）与验证头（AH）实现通信保护机制，其数据包格式如图 3-11 和图 3-12 所示。

图 3-11　AH 报头的处理示意图

图 3-12　ESP 报头的处理示意图

2. GRE

GRE即通用路由封装协议，主要用于源路由和目的路由之间所形成的隧道。GRE隧道一般是点到点的，隧道只有一个源地址和目的地址。

GRE隧道技术虽然有很多的优势，但其缺点也不可忽视，例如管理费用过高、隧道的规模数量大等等。GRE隧道通常都是手工配置的，因此配置和维护隧道所需要的费用和隧道的数量具有直接关系，当隧道的重点发生改变时，隧道需要进行重新配置。

（二）加解密认证技术

为了确保数据在VPN传输过程中的安全，通常会在VPN隧道的起点进行加密，在隧道的终点再进行解密。

当前VPN多使用单钥的DES和3DES作为加解密的主要技术，同时公钥和单钥的混合加密体制则主要用于网络上的密钥交换和管理，这既能提升传输速度，同时也能够实现保密任务。

认证技术还能够预防来自第三方的主动攻击。用户和设备双方会在进行数据交换前，对双方的数字证书进行核验，若没有错误，双方会进行数据交换。用户身份认证中最常使用的技术是口令认证，但是网络设备间的认证需要来自CA颁发的电子证书。

（三）密钥交换技术

IKE是IPSec所定义的密钥交换技术，其在遵循ISAKMP、OAKLEY、SKEME等技术模式的基础上，制定出了自己独特的验证加密材料生成技术和共享策略协商技术。IKE的核心是不在不安全的网络中直接传送密钥，其需要利用一系列安全的数据交换，通信双方需要计算得出共享密钥。Diffie—Hellman交换技术是IKE的关键技术，众多实践证明，想要破解Diffie—Hellman的难度很高，因此Diffie—Hellman具有较高的安全性。当前，IKE协议主要存在的问题是过于复杂，容易导致各类漏洞和矛盾的出现。在进行IKE产品的开发过程中，可以利用减少IKE协议选项和提升模块化程度的方式来弱化复杂性。

（四）访问控制技术

VPN的基本功能即对用户实现访问控制。不同用户对特定资源的访问权限是由VPN服务的提供者和最终网络信息资源的提供者共同协商而定的，只有如此，才能确保以用户的细粒度访问控制为基础，实现对信息资源的最大程度保护。

访问控制策略分为选择性访问控制和强制性访问控制两种。其中，选择性访问控制是以主体或主体所在组的成分为关键，通常被内置在操作系统中；而强制性访问控制则是以被访问信息的敏感性为主要基础进行的。

第五节　灾难备份与恢复

当前世界局势变化多端，各种人为和自然突发事件频发。这些事件在无形中会导致企业等遭受损害，整个行业的业务都可能被中断。根据美国德克萨斯州大学的调查，当前只有6%的公司可以在数据丢失后继续生存，而大约有43%的公司将会彻底关门，有55%的公司会在两年内销声匿迹。同时，随着企业对数据处理依赖程度的增加，该比例还有逐渐增加的趋势。

因此，对企业本身而言，要接受云计算服务，就需要云计算的服务商提供具有说服力的灾难恢复能力。

一、灾难备份与恢复相关概念

（一）灾难与灾难恢复

灾难指的是因人为或自然的原因，导致信息系统运行出现故障或瘫痪，进而使信息系统所支撑的各种业务功能暂停和服务水平下降的突发事件。比较典型的灾难包括自然灾害，例如火灾、地震等；技术风险和提供给业务运营所需的服务中断，例如设备故障、电力故障等；人为因素则包括操作错误、恐怖袭击等。

灾难恢复则意味着在自然或人为灾害后，对信息系统中的数据、硬件和软件设备等进行重启，恢复到正常商业运转中。灾难恢复规划指的是范围更大的业务连续规划的一部分，其关键是对企业或机构的灾难性风险进行评估、防范，尤其是对关键性业务数据、流程进行及时的备份和记录。

（二）灾难备份的分类

1. 依据距离的远近程度

根据距离的远近程度，灾难备份的类型有同城灾备和异地灾备。在同城灾备中，生产中心和灾备中心的距离较近，比较容易实现数据的同步镜像，这能够保证数据的完整性和数据的零丢失。同城灾备通常使用在预防火灾、建筑物破坏、供电故障、计算机系统以及由人为破坏而引发的灾难中。在异地灾备中，生产中心和灾备中心的距离较远，通常使用异步镜像会出现部分数据丢失。异地灾备既能够防范同城灾备中可能出现的风险隐患，同时还能够预防地震、洪水、战争等带来的风险。因同城灾备和异地灾备各有优缺点，因此对云计算的超大型数据中心而言，为了获得理想的灾难恢复效果，可以使用在同城和异地都建立灾备中心的形式展开灾难备份与恢复的建设。

2. 依据保障的内容

根据保障的内容，灾难备份可以划分为数据级容灾和应用级容灾。数据级容灾系统能够确保用户数据的完整和安全，在发生灾难时，用户的服务请求将会中断；应用级容灾系统主要用于提供不间断的应用服务，能够让客户的服务请求更加透明，以此保证信息系统所提供的服务的完整和安全。

（三）业务连续性的衡量指标

业务连续性指的是当不可抗拒的灾难来临时，以建设完备的灾难备份系统切换为基础，达到业务数据丢失最少和业务中断时间最短的状态。这个概念具有两个最主要的指标，即恢复时间目标（RTO）和恢复点目标（RPO），这两个指标皆用在衡量一个灾备系统的可靠性层面。在云计算环境中，虚拟化技术是灾难备份与恢复实现不同 RTO 与 RPO 目标的关键。

二、主要灾难备份技术

（一）基于磁带的备份技术

用磁带复制进行数据的备份与恢复是比较常见的灾难备份形式，这种形式的数据备份一般会存储在盘式磁带或者盒式磁带中，同时放在远离基本处理系统的安全地点。在系统出现灾难或者各种故障需要恢复时，可以将磁带提取处理，送至恢复地点，将数据转移到磁盘上，之后再恢复应用程序。这些磁带一般情况下是按天、按周、按月的方式进行组合保存。

磁带是按照读取顺序进行的，速度也比较缓慢，主要适合对时间不敏感的资料进行备份。因此，其难以应用到实时业务中，这种以磁带为基础的传统灾难备份方式，在云计算环境中的应用会受到较大的束缚。

（二）以应用软件为基础的数据容灾备份

以应用软件为基础进行的数据容灾备份指的是由应用软件来保证数据的远程复制和同步，在主中心面临实效的前提下，容灾备份中心的应用软件系统能够恢复运行，接管主中心的业务。这种技术利用在应用软件内建立两个能够实现连接的异地数据库的方式，实现每次的业务处理数据都存入主中心和备份中心的数据库的任务。

这种形式的容灾备份需要对当前已有的软件系统中I/O接口进行修改，这将极大增加软件的复杂程度，同时，由应用软件来保障数据的复制和同步会对整个业务系统性能形成影响。这种技术的实施难度大，同时后期维护复杂程度较高。在云计算环境中，这种备份形式将加剧各类服务模式的复杂性，也会受到较大的束缚。

（三）远程数据库备份

远程数据库备份指的是由数据库系统软件来保证数据的远程复制和同步。按照数据库的复制形式可以划分出实时复制、定时复制以及存储转发复制。在复制过程中，还具有自动冲突检测和解决的途径，以此保证数据的一致性完整。远程数据库备份的本质是实现主、备系统的数据库的数据同步，这种备份形式的效率会受到数据库软件性能、网络带宽、服务器性能等因素的影响，主要用在对数据一致性有要求，数据更新较频繁的应用中。

三、云计算环境下的灾难备份与恢复

云计算的数据中心存储的全是与业务有关的信息，因此，灾难备份与恢复要支持文件级和系统级的恢复备份。云计算的数据中心主要以虚拟化为主要特点。虚拟化产生了一种与传统方式不同的灾难恢复路径，整个服务器，例如操作系统、应用程序、补丁程序、配置文件和用户数据都会被放置在一个单一虚拟服务器中，这可以利用这种比较容易执行的系统级备份与恢复的形式简化备份与恢复。与此同时，虚拟化还能够提供一定程度的硬件独立性，这能够比较快速地复制或备份到异地数据中心和虚拟主机里。这个技术特点，在利用已有的灾难备份和恢复技术中，能够在云计算环境中得到广泛应用。

如果使用以 SAN 的备份技术，云计算数据中就会提供多站点可用性，这不仅能够快速将故障转移到灾难恢复站点，同时还能够在测试或灾难事件结束后重返至正常网站。除此之外，文件级和系统级恢复备份的出现还能够推动次序优先选择业务恢复能力的提高，进而更好地完成对灾难备份与恢复系统的性能提升。针对部分重要业务的应用程序和服务器，会得到更高级别的优先恢复，以此降低灾难损失。

总体而言，无论灾难备份和恢复如何升级换代，其中测试、检验、确认灾难恢复流程的过程是始终不能忽略的。任何一种灾难恢复流程都可能在页面上或许看起来比较可靠，但是实际上需要进行定期的例行测试和确认，这样才能保证灾难恢复计划的成功进行。

第四章　大数据时代云计算应用安全防护方案

作为一项新兴的信息服务模式，云计算虽然会带来新的安全风险与挑战，但其核心的需求仍是为了保护数据和应用的完整性、机密性和隐私性等。本章节从云计算的核心架构安全、网络与系统安全、数据与信息防护安全以及身份管理与安全审计四个方面对云计算应用的安全防护方案进行分析，同时为安全防护策略提出一些应用建议。

第一节　云计算核心架构安全

云计算核心架构的关键技术是由 IaaS 的虚拟化技术、PaaS 的分布式技术和 SaaS 的在线软件技术构建而成，它们是云计算服务得以开展的技术基础。本节对上述三种关键技术进行分析，并在此基础上对安全防护的措施和相关安全策略提出要求，从而使云计算底层架构的安全性得到提高。

一、IaaS 核心架构安全

IaaS 云服务开展的基础是虚拟化技术。它将数据中心的 IT 硬件资源抽象化成逻辑的虚拟资源池后，再利用网络将其传递给客户，最终使资源的统计复用得以真正实现。

虚拟化技术是一种去耦合技术，它把底层物理设备和上层操作系统、软件分离。虚拟化技术是通过软件或固件管理程序（Hypervisor）来构建和管理虚拟层的，然后把物理资源映射成逻辑的虚拟资源，与物理资源相比较，逻辑资源的使用其实与之差别极小，甚至可以说没有区别。使 IT 资源利用效率和灵活性实现最大化就是虚拟化的目标。

虚拟化技术有着十分悠久的历史。最早的虚拟化原型出现在 20 世纪

60 年代，当时为了提高硬件的利用率而对大型机硬件进行了分区。经过长期的发展，业界目前已经形成了包括网络虚拟化、服务器虚拟化和存储虚拟化等虚拟化技术，而与之相关的虚拟化运营管理技术也受到人们的广泛关注，人们开始对其进行深入研究。虚拟化具有很多优点，不仅可以对数据中心的服务器进行有效地整合，使资源的利用效率得到提升，还能够简化数据中心结构，使运营成本降低，同时，它还有利于提高关键应用的可靠性。总而言之，虚拟化的各种优点使其渐渐成为企业数据中心 IT 基础架构的关键部分。

（一）IaaS 关键技术

与 IaaS 相关的虚拟化技术主要包括以下三个方面：

1. 服务器虚拟化

它也被称作系统虚拟化，是指将一台物理计算机虚拟化成为一台或者多台虚拟的计算机，通过虚拟化层（也称作虚拟机监控器，VMM）使每个虚拟机之间共享物理资源，如网络、CPU、内存和硬盘等，而每一台虚拟机的运行环境都是独立的，如图 4-1 所示。虚拟机其实可以当作是对物理计算机的一种隔离复制，它的要求是高效、同质与资源受控。具体来说，高效是指在虚拟机中运行的软件，运行时的性能与在物理计算机上运行时是接近的；同质是指虚拟机与物理计算机的运行环境在本质上是一样的；资源受控则是指 VMM 对系统资源的管理权限和控制能力是绝对的。

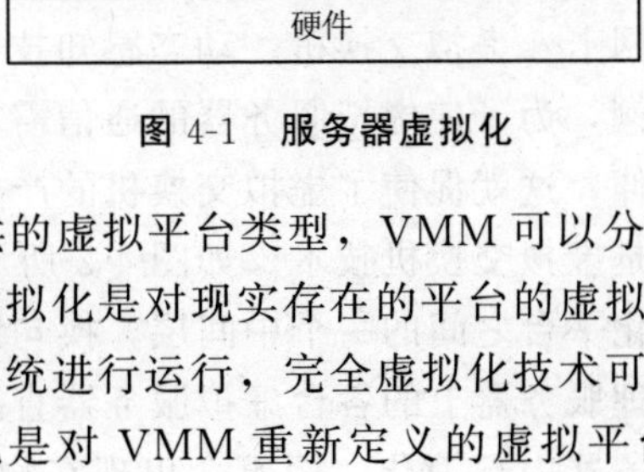

图 4-1 服务器虚拟化

根据 VMM 提供的虚拟平台类型，VMM 可以分为完全虚拟化和类虚拟化。其中，完全虚拟化是对现实存在的平台的虚拟，不需要任何修改就可以在现有的操作系统进行运行，完全虚拟化技术可分为软件辅助与硬件辅助两类；类虚拟化是对 VMM 重新定义的虚拟平台，为了适应虚拟环境需要修改客户机操作系统。

根据 VMM 的实现结构，VMM 还可以分为 Hypervisor 模型、宿主模型以及混合模型三类。其中，Hypervisor 模型中 VMM 是直接构建在硬件层上的，主要负责管理物理资源以及提供虚拟机；宿主模型中，宿主操作系统内独立的内核模块就是 VMM，它获得资源的途径是通过调用宿主机操作系统的服务，而其创建的虚拟机一般作为宿主机操作系统的一个进程来参与资源的调度；混合模型是将以上两种模式相结合，它通过 VMM 与特权操作系统共同对物理资源进行管理，从而实现虚拟化。

对服务器的虚拟化主要包括三部分，分别为 CPU 虚拟化、内存虚拟化以及 I/O 虚拟化，一部分虚拟化产品还提供时钟虚拟化和中断虚拟化。系统虚拟化的实现最开始时主要是通过软件的方式。具体来说，服务器虚拟化最核心的部分是 CPU 虚拟化，通常情况下，CPU 虚拟化是通过指令模拟和异常陷入实现的；内存虚拟化是通过对客户机物理地址空间的引入，使多个客户机共享物理内存，影子页表是较为常用的内存虚拟化技术；I/O 虚拟化一般不关心具体硬件的实现，它只模拟目标设备的软件接口，软件模拟、全虚拟化以及半虚拟化等是其经常采用的几种方式。由于计算机硬件体系架构在虚拟化方面存在缺陷，例如敏感指令可能造成虚拟化漏洞，为了弥补该缺陷，使软件实现虚拟化过程中存在的性能问题得到解决，AMD、Intel 等芯片厂商在芯片组、CPU、I/O 设备等硬件中加大对虚拟化的支持力度。硬件虚拟化技术的出现使系统虚拟化技术的效率和性能得到了极大的提高。

2. 网络虚拟化

从狭义上讲，传统虚拟专用网络指的就是网络虚拟化，即在公共网络上通过 VLAN 或 VPN 的方式建立虚拟专用网。近年来随着虚拟化技术的进步与发展，网络虚拟化的概念在不断扩大，它是计算虚拟化发展的必然结果，而计算虚拟化也是促进其发展的重要因素，二者已经分割不开。计算虚拟化具有“多对一”的特征，这也促使网络向虚拟化发展，传统网络的发展方向就是虚拟网卡、虚拟交换机、动态感知技术和大二层网络等。

以虚拟交换机为例，为了使虚拟服务器的通信需求得到满足，网络也需要向服务器内部延伸，这就促使了虚拟交换机的产生，而实现网络虚拟化的主要技术之一就是虚拟交换机技术。如图 4-2 所示，虚拟交换机是存在于物理网卡和虚拟化平台之间的一个中间层，换句话说，就是通过虚拟交换机可以使一台物理服务器上的各台虚拟服务器直接进行通信，由此产生的流量会被物理服务器内部消化，而不会出现在物理交换机上。所以，虚拟交换机所提供的交换能力可以使物理网络和虚拟服务器进行无缝连接，这不仅可以满足业务部署的需要，还可以满足服务器虚拟化之后的虚拟交换的基本需求。

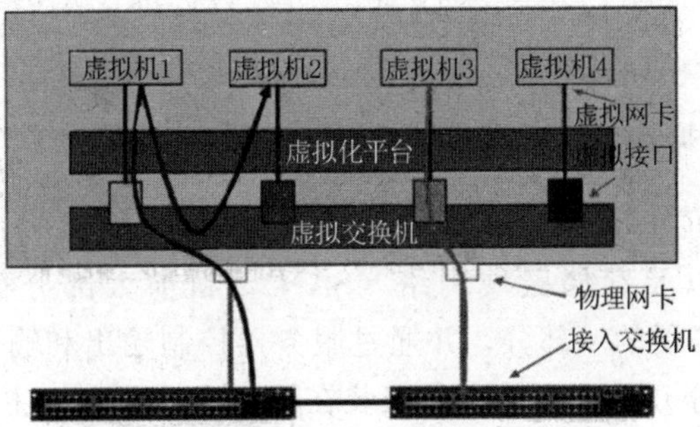

图 4-2　网络虚拟化

但是，在服务器内部增加虚拟网络设备也对数据中心管理员的运维方式产生了一些影响。对于服务器管理员来说，他们不仅需要对网络进行管理，还要参与服务器内部的管理。同时，在服务器内部新增虚拟交换机，这其实使服务器额外增加了一些性能花销。不过，由于受到虚拟化之后热迁移技术的支持，同时为了适应虚拟机的迁移需求，如何迅速地对虚拟机网络属性进行迁移这一问题亟须解决。

业界厂商针对上述现状都提出了自己的解决方案。虚拟交换机技术的发展分为三个阶段：

第一阶段是建立在软件的虚拟交换机技术的基础上，该技术目前比较成熟，已经有多个成熟产品被虚拟化软件厂商生产出来并大规模投入商业使用。但是，该技术也有一定的局限性，一方面，软件的虚拟交换机对服务器的 CPU 资源有所占用，这使得虚拟交换机的稳定性比物理交换机稍差；另一方面，数据中心网络中使用的外部交换机基本上都是传统通用的交换机设备，这使成本增加了。

第二阶段是建立在网卡的虚拟交换机技术的基础上，在网络虚拟化以后，传统网卡的性能问题已经成为一个制约因素，同一个物理网卡难以满足多台服务器的网络 I/O 需求，而引入 SR－IOV 技术和多队列机制的网络虚拟化技术可以使网卡的 I/O 性能得到提升，它可以使多个服务器的通信需求得到满足。这类技术目前还没有商用，但技术已经比较成熟，多家厂商的相关产品都已经生产出来了，只是不同厂商之间在管理和互通上有所差别，厂家之间互不能兼容，而且 IT 厂商生产的虚拟化网卡，网络设备厂商对传统网卡不能兼容，这造成 IDC 仍旧使用传统交换机作为其网络设备。

第三阶段是建立在物理交换机基础上的虚拟交换机，这类技术是基于数据包中的TAG标识虚拟机网卡，同时在相应的虚端口进行策略控制。这类技术目前还处于研究阶段，尚未标准化，电气电子工程师学会(IEEE)成立了EVB工作组，并在2010年开始进行标准制定的工作，该工作组包含许多芯片、服务器和网络厂商。

3. 存储虚拟化

存储系统可分为三大类，分别为直接依附存储系统（DAS）、附网存储系统（NAS）以及存储区域网络（SAN）。目前大部分存储系统都属于DAS，它是服务器的一部分，并通过服务器控制输出和输入。NAS中存储与数据处理是分开的，存储设备安装在网络中，独立于主机之外，而数据处理则是通过专门的数据服务器进行。SAN是网络技术和SCSI技术的结合体，主要向用户提供块数据级的服务，它通过高速光纤将服务器和存储系统连接起来，将数据的存储和处理分开并对存储设备和数据进行集中管理。

随着时间的推移，数据中心常常会配备各种类型的存储系统和存储设备，这不仅使存储管理的复杂度增加，还使存储资源的利用率降低。存储虚拟化技术就是在这种情况下产生了，它在物理存储系统与服务器之间设置了一个虚拟层，将物理存储虚拟化成逻辑存储，这样使用者只需要访问逻辑存储，就能促使分散的、不同级别和品牌的存储系统实现整合，这有利于存储管理的简化，如图4-3所示。而通过对不同存储系统的整合，可以看出虚拟存储具有很多优点：①有利于存储容量利用率的提高；②有利于管理的简化，使使用成本降低；③可以通过性能的差别合理区分和利用存储资源；④对用户屏蔽了存储设备的物理差异；⑤使数据在网络上共享的一致性得以实现。

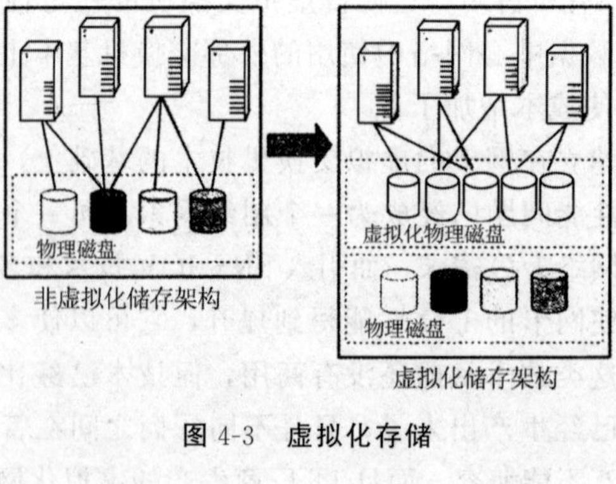

图4-3　虚拟化存储

目前存储虚拟化标准在业界还没有统一，各个存储厂商通常都按照自己掌握的核心技术为虚拟存储提供解决方案。从系统的角度来说，实现虚拟存储有三种方法，它们分别为主机级虚拟存储、设备级虚拟存储和网络级虚拟存储。

主机级虚拟存储不需要额外的硬件支持，它主要是通过软件实现。它将外部设备转化为连续的逻辑存储区间，使用户通过虚拟管理软件以逻辑卷的形式进行存储管理。

设备级虚拟存储主要包括对存储设备物理特性的仿真和对虚拟存储设备的实现。其中，仿真技术包括磁盘和磁带两种仿真技术，磁盘仿真是利用磁带设备进行仿真实现磁盘设备，而磁带仿真则是利用磁盘存储空间仿真实现磁带设备。虚拟存储设备的实现指的是对SAN、RAID、磁盘驱动器等设备进行组合形成新的存储设备。如果设备级虚拟存储技术可以实现把虚拟化管理软件嵌入到硬件中，那么虚拟化处理和虚拟设备I/O的效率就可以提高，同时性能与可靠性也会比较高，便于管理，但是其成本也比较高。

网络级虚拟存储的实现是建立在网络的基础上，它将网络中的存储资源通过在主机、路由器或交换机上执行虚拟化模块来实现集中管理。实现方式有三种：一是建立在互联设备虚拟化的基础上，每个网络的每个存储设备中都嵌入了虚拟化模块；二是建立在交换机虚拟化的基础上，交换机固件或者与交换机相连的服务器上都嵌入或运行了虚拟化模块，从而管理与交换机相连的存储设备；三是建立在路由器虚拟化的基础上，在路由器固件上嵌入了虚拟化模块。总体而言，逻辑存储的最佳实现方式就是网络存储，而以上三种虚拟存储技术既能够单独使用，又能在同一个存储系统中配合使用。

（二）IaaS核心架构安全防护

从功能角度来说，IaaS系统的逻辑架构包括五部分，分别为虚拟处理系统、虚拟存储系统、虚拟网络系统、客户虚拟机和业务管理平台。如图4-4所示。

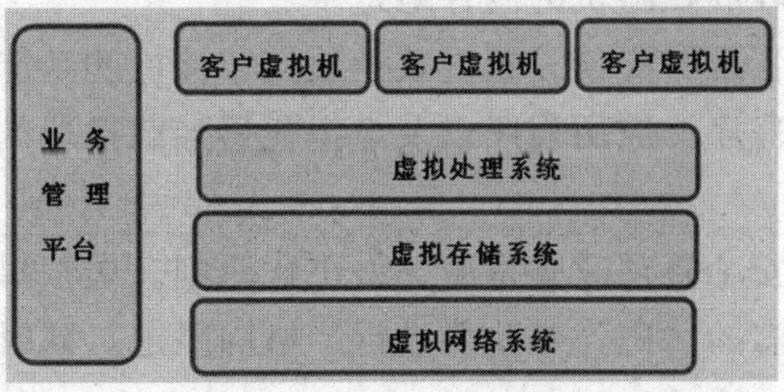

图4-4　IaaS系统逻辑架构

具体来说，虚拟处理系统指的是通过在物理主机上运行虚拟机平台软件，从而使异构的物理主机虚拟成可以满足上层需要的虚拟主机，主机服务器是其主要涉及的物理设备。该系统不仅可以将本地硬盘、SAN 作为存储，还可以将虚拟存储系统作为存储。

虚拟存储系统指的是通过在主机与物理存储系统上运行虚拟化软件，从而使物理存储虚拟成可以满足上层需要的特定存储服务，它主要涉及存储交换机、磁盘阵列等物理设备部件。

虚拟网络系统指的是通过在物理网络上运行虚拟化，从而使物理网络虚拟成多个逻辑独立的网络，它主要涉及了服务器、路由器、交换机等物理设备部件。

客户虚拟机指的是虚拟处理系统对物理主机进行虚拟产生的虚拟机，它是安装客户操作系统的位置。

业务管理平台主要负责向用户提供业务上的服务，例如业务的受理、开通、监视和保障等。它通过与客户、计费系统以及虚拟化平台的互相交流，从而使 IaaS 业务的端到端运营和管理得以实现。

从虚拟化安全的角度而言，虚拟化平台提供的安全功能应该被充分利用起来，通过合理的配置，从而防止客户虚拟机对虚拟平台或者其他客户的虚拟机资源进行恶意访问。

1. 服务器虚拟化安全

运行虚拟机 VM 的内核是虚拟机管理器 VMM，它代替了传统操作系统对底层物理硬件进行管理，这也是服务器虚拟化的核心环节。服务器虚拟化的安全性对上层的虚拟机安全有着直接的影响，所以 VMM 自身就需要建立完善的安全机制，这有利于阻止客户通过溢出漏洞来获取更高级别的运行等级以及对其他客户物理资源的访问控制。其具体的安全防护和安全策略配置需要满足以下要求。

(1) 虚拟机管理器应该采用内存安全强化的策略，将用户模式应用程序、虚拟化内核等放在随机的内存地址中。

(2) 虚拟机管理器应该设置内核模块完整性检测功能，利用数字签名的方式，使驱动程序、应用程序以及虚拟化层加载模块的真实性与完整性得到保证。

(3) 在进行安全管理时坚持服务最小化原则。虚拟机管理器接口必须是管理虚拟机所需的 API，对此要进行严格的限定，同时将没有关系的协议端口关闭。

(4) 对虚拟机管理器的补丁管理要求进行规范。一方面，在对补丁进行更新之前，要先测试补丁和现有虚拟机管理器系统是否兼容；另一方面，要跟踪漏洞的发展状况，并将安全更新状态形成详细的报表。

（5）要采用高强度的口令，将盗用或破解口令的可能性降低，从而增强用户认证的安全性。

此外，从服务器虚拟化高可用性角度而言，为了提高系统的高可用性，一些主流的虚拟化软件提供商通过高可用性（HA）、零宕机容错（FT）、备份与恢复（DT）等方式将故障用户的虚拟机系统进行快速恢复。

2. 网络虚拟化安全

为了使虚拟机之间、虚拟机与外部网络之间通信的安全性得到加强，实现网络虚拟化安全，那就需要在虚拟化网络内部加载安全策略，从而保证共享的资源池中的信息应用仍旧符合企业级数据隐私和安全要求。其具体的安全防护需要满足以下要求。

（1）通过利用虚拟机平台的防火墙功能，使在虚拟环境下的逻辑分区边界防护和分段的集中管理得以实现。

（2）虚拟交换机的虚拟端口要设置限速功能。一方面要对峰值和平均带宽、流量突发大小进行定义，从而使端口级别的流量得到有效控制；另一方面要对虚拟机使用混杂模式探究网络通信的行为进行禁止。

（3）监视和审计虚拟网络平台的重要日志，以便于及时发现登录或操作中的异常现象。

（4）在建立客户虚拟机时，要同时在虚拟交换机和虚拟网卡上安装防火墙，这有利于提高客户虚拟机的安全性。

3. 存储虚拟化安全

存储虚拟化指的是通过在服务器与物理存储系统之间加入一个虚拟层，将物理存储虚拟化成逻辑存储，而使用者只对逻辑存储进行访问，这样就可以整合数据中心异构的存储环境，同时将底层硬件的物理差别屏蔽掉，进而为上层应用提供统一的存取访问接口。高性能、可拓展性以及可靠性是虚拟化的存储系统应该具备的特质，这有利于存储容量利用率的提高以及存储管理的简化，同时使用户对存储空间的动态需求得以满足。其具体的安全防护需要满足以下要求。

（1）设置磁盘锁定功能，从而保证在同一时间不会出现同一个虚拟机被多个用户打开的情况。

（2）设置设备冗余功能，如果某一台宿主服务器出现故障，那么需要解除这台服务器上的虚拟机磁盘锁定，同时允许从其他宿主服务器上对这些虚拟机进行重新启动。

(3) 为了使并行访问的安全性得到保证，可以对同一存储系统设置多个虚拟机的并发读/写功能。

(4) 对数据存储设置冗余保护，在虚拟化存储系统中的不同物理位置对用户数据进行备份，数量最好不要少于2个，备份要对用户透明。

(5) 为了减少因系统误操作、意外灾难等造成的数据损失，虚拟存储系统可以根据数据的安全级别来建立和完善容错、容灾机制。

4. 业务管理平台安全

业务管理平台是指负责提供和运营IaaS业务的系统，虚拟化厂家和第三方厂家都可以提供该系统。以ETOM和TMF有关标准的系统架构为参考对象，业务管理平台的功能可划分为业务开通、业务规划、业务监视、业务计费以及业务保障等。业务管理平台的安全性对IaaS系统的安全稳定运行有着直接的影响。

业务管理平台在自身安全性方面需要满足以下要求。

(1) 要具备迅速恢复故障和多机热备的功能，使业务管理平台的安全性与可靠性得到保证。

(2) 在操作管理系统时要分级、分权进行管理，对不同级别用户可以访问的资源范围和能够执行的操作进行限定。

(3) 坚持最小授权原则，严格控制用户的访问权限，对于不同用户授予其可以完成各自任务所需的最小权限。

业务管理平台在安全管理功能方面需要满足以下要求。

(1) 具备监控宿主服务器资源的能力，可以对CPU和内存的利用率、磁盘的使用情况等宿主服务器物理资源的利用情况进行实时监控，当宿主服务器的性能出现故障时可及时发出警告。

(2) 具备监控虚拟机性能的能力，可以对VCPU、内存和磁盘的利用率等物理机上各虚拟机的运行情况进行实时监控，当虚拟机的性能出现故障时可及时发出警告。

(3) 如果部分虚拟机消耗了共享硬件上的过多资源，为了不降低其他虚拟机的性能，可以对单一虚拟机的资源限制量进行设置。

二、PaaS核心架构安全

PaaS是通过互联网将分布式软件的开发、测试以及环境部署作为服务内容提供给用户。它能够在IaaS的虚拟化资源池上或数据中心的物理基础设施上进行构建。PaaS可以为用户提供软件栈，例如数据库、操作系统、中间件等，允许用户利用网络的途径远程开发、配置和部署应用，并使其在数据中心内运行。

（一）PaaS关键技术

分布式处理技术是PaaS的核心技术，它主要是对云计算数据中心的大规模服务器群的工作进行协调，主要由以下四个部分组成：

1. 分布式文件系统

分布式计算环境的基础架构之一就是分布式文件系统，客户机或服务器技术是其建立的基础，该系统由客户机文件系统和服务器进行协同操作。它将网络中分散的文件资源通过统一的视点向用户进行展现，这使得用户复杂的访问变得简单，也有利于分布式系统的管理，这为分布式应用的进一步开发提供了条件。具体来说，在集中式文件系统中，控制功能是分散在客户机与服务器之间的，文件共享、数据安全性等很容易处理的事情在该系统中却变得十分复杂。

目前，符合PaaS要求的分布式文件系统设计主要以Google GFS和Hadoop HDFS为代表。系统的构成是一台主服务器和多台块服务器，多个客户端对服务器进行访问，文件按照固定尺寸的数据块形式在块服务器中分散存储。分布式文件系统中最重要的环节就是主服务器，它对文件系统中的所有元数据进行管理，而块服务器主要负责存储和读取具体的数据。

2. 分布式计算

分布式计算是让若干个物理上单独的组件，如多个CPU或多台计算机等，作为一个独立的系统协同工作，其有如下假设：若1台计算机完成一项任务需要10秒，那么通过并行方式协同工作的话，10台计算机就可以在1秒内完成这项任务。但是事实上协同设计是十分复杂的，对于分布式计算来说这一假定也不可能都能满足。

从分布式编程的角度来说，如何将一个大的应用程序分解为可以并行处理的若干个子程序是分布式编程的核心问题，具有可行性的处理方法有两种：一是分割计算，就是将应用程序的功能进行分割，使其变为几个小模块，再由网络上的多台计算机共同协调完成；二是分割数据，就是将数据集进行分割，使其变成小块的数据集，再由网络上的多台计算机分别进行计算。一般来说，需要对大量数据进行分析的计算密集型问题可以使用分割数据的方法，而对于大规模分布式系统来说，它可以将分割计算和分割数据的方法结合起来使用。

3. 分布式数据库

分布式数据库（DDBS）是一组结构化的数据集，从逻辑上讲二者属于同一系统，但从物理上讲数据集分散在计算机网络连接的各个地方，再由一个分布式数据库管理系统进行统一管理。与集中式数据库或分散数据库相比较而言，分布式数据库的优点比较突出，如容错能力强、响应延迟短、可靠性高、模块拓展简便等，它被广泛应用于银行等大型企业。不过，目前分布式数据库还没有统一的标准，仍处于研究和发展的阶段。

4. 分布式同步机制

在分布式系统中进行共享资源的并行操作很容易引起各种数据不一致的问题，例如读脏数据、不能重复读等，在这种情况下，为了对进程的并发操作进行控制就必须引入同步机制。

对于云计算数据中心来说，分布式同步机制作为开展上层应用的基础，它还能够使系统的正确性与可靠性得到保证。云基础架构分布式同步机制的典型代表是 Google Chubby 和 Hadoop ZooKeeper。以 Chubby 为例，它对存储容量、性能等没有许多要求，可靠性和高可用性是基本设计目标，它主要为开发人员提供常用的加解锁功能，这种为了实现分布式文件系统的锁机制，有助于松散耦合系统中的分布式一致性问题的解决。

（二）PaaS 核心架构安全防护

PaaS 云服务为应用程序开发人员提供分布式软件开发与测试、部署环境等服务。所以，开展 PaaS 云服务，一方面要在云计算数据中心设立分布式处理平台，另一方面，要对该平台进行封装，以方便用户使用。

对于 PaaS 而言，其面临的主要安全问题包括数据安全、数据与计算的可用性以及针对应用程序的攻击等。下文从分布式文件安全、分布式数据库安全以及用户接口和应用安全三个方面对其面临的挑战进行详述。

1. 分布式文件安全

分布式文件系统以云数据中心为基础，构建在大量廉价服务器群上，其面临的挑战有：大量数据的存储与迅速读取，服务器频繁增减带来的动态拓展问题，服务器等组件经常失效所产生的系统容错问题，多用户同时对文件系统进行访问所产生的并发控制和访问效率问题等。

目前主流的分布式文件系统，例如Google GFS和Hadoop HDFS等，为了提高系统的可靠性，会设置辅助主服务器当作主服务器的备份，这有利于使主服务器出现故障停机时加快其恢复的速度。为了保证数据的可靠性，系统会采取冗余存储的方式，使每份数据都保持3个以上的备份，如果需要对数据进行修改，就必须在所有的备份上进行修改，这是为了保证数据的一致性。与此同时，要用版本号的形式使所有备份处于相同的状态。

云基础架构的分布式文件系统与传统的分布式文件系统作对比，前者在设计理念上对机器的失效问题、系统的可靠性和可扩展性问题等考虑得更多，它重视客户机的协同操作，而对文件的一致性要求有所弱化。这种设计理念其实与云计算数据中心是由大规模廉价PC服务器构成的特点相吻合，有利于上层分布式应用得到更可靠的保证。

此外，从数据安全性的角度来看，数据的私有性以及发生冲突时数据的恢复问题值得认真考虑。数据的透明性要求文件系统为用户提供统一完整的界面，至少也要使故障透明、位置透明、并发访问透明等几个方面得到保证。分布式文件系统需要考虑的主要问题还有扩展性，当服务器的数量增加或减少时，该系统应该能够自动感知到服务器数量的变化，与此同时，它对用户的使用也不会产生任何影响。

2. 分布式数据库安全

以大量廉价服务器群构建的云计算数据中心为基础的分布式数据库，面临的挑战有：大量数据的存储与迅速检索能力，多用户并发访问出现的问题，频繁地增加或减少服务器所造成的可扩展问题，以及组件的失效问题对系统的容错能力提出了更高的要求等。

对于分布式数据库而言，设计时需要考虑的主要问题包括数据冗余、分布式查询以及并行控制等。以数据冗余为例，它是分布式数据库与其他数据库进行区分的重要特质之一，主要包括复制性数据库和分割性数据库两种类型：复制性数据库指的是在局部数据库中存储的数据复制的是总体数据库中的全部或部分数据；分割性数据库指的是分割后的数据集在每个局部数据库里进行存储。总体而言，数据冗余使数据的可靠性得到了保证，但是这在一定程度上也容易产生数据一致性的问题。

同一个数据有多个副本，又在不同的节点中存储着，因此，如果需要修改数据，就必须保证所有副本中的数据都得到了修改。这种情况下需要引入分布式同步机制，这样才能控制并发操作所带来的问题。

对于分布式数据库来说，提高查询性能的最主要手段就是分布式查询(也称作并行查询)。而衡量分布式数据库优劣的重要指标是可靠性，可靠性要求如果系统中的某个部分出现了故障，这个故障对数据库应用的影响必须很小，甚至是没有影响。

3. 用户接口和应用安全

PaaS服务可以帮助客户将自己创建的某种应用程序引入服务器端进行运行，同时它还允许客户端控制着应用程序及其计算环境配置。由于来自客户端的代码并不都是好意的，一旦出现恶意代码，而PaaS服务又有过多的接口，这就方便了攻击者的入侵。具体来说，用户如果提交了一段恶意代码，CPU时间、内存空间以及其他资源可能都会被这段代码抢占，这段恶意代码不仅会对其他用户进行攻击，甚至还会对提供运行环境的底层平台进行攻击。

从用户接口的角度来说，PaaS服务包括提供代码库、编程模型以及编程接口等。以编程模型为例，用户基于云平台开发的应用程序类型由编程模型决定。对于PaaS提供的编程模型服务来说，用户对编程模型必须是清楚的，他们需要确定利用这个云平台可以解决哪种类型的问题以及解决的方式是什么。

从运营管理的角度来说，PaaS在云数据中心中运行时，用户利用PaaS云平台而开发的应用程序最后也会在云数据中心中运营。在应用程序运营的过程中，PaaS运营管理系统需要解决的是用户所需的存储、计算、网络基础资源的供给和管理问题。

从技术的角度来说，PaaS目前存在的不足主要体现在两个方面：一是对底层资源的调度，二是对分配机制的设计。具体来说，PaaS应用是通过系统的底层计算来对资源进行处理的，如果多个应用在同一个平台上同时运行，那么PaaS完全无法对多个应用进行资源的优化配置或优先级配置。这个问题如果想要得到解决就必须借助更底层的资源分配机制，例如将PaaS应用置于虚拟化平台上，利用其资源调度机制使多个PaaS应用的资源调度得以实现。

三、SaaS核心架构安全

SaaS是以互联网为基础来提供软件服务的应用模式，它是云计算服务的一种类型。SaaS通过浏览器向用户传递服务器端的程序软件并供其在线使用。SaaS提供商主要是为用户提供信息化所需的软硬件运作平台和网络基础设施，并对前期的实施和后期的维护等服务进行负责，而对于用户而言，他们只需要根据自己的实际需要，通过互联网向 SaaS 提供商租赁软件服务即可。

实现 SaaS 主要有两种方式：一是通过 PaaS 平台所提供的开发应用程序的工具与环境来开发 SaaS 应用；二是利用多租户构架和元数据开发模式，通过 Web 2.0 等技术使 SaaS 中各层的功能得以实现。

（一）SaaS 关键技术

1. 多租户架构

多租户架构作为一种软件开发的架构，是 SaaS 的核心技术之一。采用多租户架构的方式开发的应用软件，一个实例能够对多个用户的请求同时进行处理。

解决数据存储的问题是多租户架构能否实现的关键所在，具体来说，就是要将不同租户之间的数据和配置进行有效的隔离，从而使每个租户数据的安全和隐私得到保证。到目前为止，多租户架构在数据存储方面的解决方法主要有以下三种：

（1）独立数据库。即每个客户的数据都各自存放在一个独立的数据库中，客户可以对大多数的系统资源和应用代码进行共享，而物理上也有一整套数据是独立存放的，系统按照元数据对数据库与客户对应关系的记录来对数据库的访问策略进行部署，从而使客户的数据安全得到保证。这是一种简单、方便且安全性高的方法，其缺点是成本和维护费用比较高，所以这种方法适用于银行、医院等对安全性要求较高的客户。

（2）共享数据库单独模式。即客户虽然共同使用同一数据库，但是在其单独的模式之内，每个用户都独自拥有一套不同的数据表组合。在客户首次使用 SaaS 系统时，该系统在创建用户环境时，一整套默认的表结构也会同时创建，而且系统会将其关联到客户的独立模式。这种方式有利于平衡数据的共享与隔离，但其缺点是一旦系统发生故障，数据就难以恢复了。

（3）共享数据库共享模式。即将所有客户的数据存放在一个数据库与一套数据表中。具体来说，就是一个数据表内有多个客户的记录，通过一个客户的 ID 字段可以确认一个记录所对应的客户。这种方式的优点是共享程度最高，支持的客户人数也最多，这也使得购置和维护的成本最低，但这也导致了它的隔离级别最低。当 SaaS 服务提供商想要以尽可能少的服务器资源来获得尽可能多的客户，而客户又想以尽可能低的服务价格获得服务器资源，并且愿意在一定程度上放弃对数据隔离的需求时，这种共享模式就十分合适。

2. 元数据开发模式

元数据开发模式是 SaaS 实现软件可配置性的重要途径，其与多租户架构、Struts 技术的有效配合，有利于软件的拓展性、可配置性和多用户效率问题的解决。元数据是命令指示，整个应用程序如何运行的各个方面都是通过它来进行描述的。

元数据是一种工具，它通过非特定语言的方式对代码中定义的每一类型和成员进行描述，从而实现对信息资源的有效组织、管理和利用。云数据存储的信息可能包括程序集的说明与标识，运行所需要的安全权限，以及类型的说明、基类和实现的接口等。

元数据在 SaaS 模式的服务行业中有着广泛的应用，例如 Salesforce.com 通过元数据的形式将应用程序的基本功能存储在数据库中，用户根据自己的需求在 SaaS 平台上选择自己的配置时，SaaS 系统会按照用户的设置将对应的元数据组合展现在用户的界面上。

（二）SaaS 核心架构安全防护

相对而言，SaaS 服务端暴露的接口是有限的，且其位于软件栈的顶端，也就是系统安全权限的最低处。所以一般不会给 SaaS 服务端接口所处的软件栈层次以下的更高系统安全权限层次带来新的安全问题。

从 SaaS 服务的角度来说，如何解决多租户共享情况下数据安全存储与访问的问题是 SaaS 底层架构安全的关键所在。

1. 多租户安全

当前，在以多租户为特点的应用环境下，为了每个租户数据的安全与隐私得到保障，可以通过虚拟化、物理隔离以及应用支持的多租户架构等方法安全隔离不同租户间的数据和配置。

具体来说，虚拟化方法指的是通过虚拟技术使物理资源的共享和用户的隔离得以实现。不过，这需要每个租户独自享用一台虚拟机，而当用户的数量很大时，每个用户仍独自享用一台虚拟机就是不合理的，而且影响效率。将实现隔离而产生的独占性资源减少是虚拟机的主要目的，多个虚拟服务能够对驱动程序等一些基本操作系统内核实行共享。和虚拟机情况类似，虚拟化方法很难对数以万计的用户进行支持，但是对于 SaaS 运营商来说，虚拟化方法对于机器资源的优化分配是十分有用的一项技术。

物理分离法指的是向每个用户配置各自独有的物理资源。这一方面有利于使物理层面上的安全隔离得以实现，另一方面还可以对物理机器上运行的应用根据每个用户的不同需求进行个性化设置，这种方法安全性更高。但是，物理分离法的硬件成本比较高，一般来说它适用于银行、医院等对数据隔离要求较高的大中型企业。

应用支持的多租户架构主要包括两种方式：应用池与共享应用实例。应用池指的是将一个或者多个应用程序与一个或者多个工作进程集合相连接的配置。它是对应用实例进行隔离的服务器端沙箱，两个不同应用池中的应用程序所出现的问题不会对彼此产生影响，许多托管商用这种方式对不同的 Web 应用进行托管，即我们通常所说的 Hybrid Multi－tenancy。共享应用实例指的是在一个应用实例上将服务提供给数以万计的用户，用户彼此之间是隔离的，同时他们能够通过配置的方式定制应用，即我们通常所说的 Native Multi－tenancy。应用支持的多租户架构的优点在于应用本身就支持多租户架构，因此与虚拟化的方式相比，它在资源的利用率和配置的灵活性上都更好一些，作为一个应用实例它在管理维护方面也更方便。

2. 应用程序安全

应用程序的安全性主要体现在对 Web 服务器安全性的提升上，以 IIS、Apache 为基础的 Web 服务器，主流厂商经常使用的开发技术是 J2EE 或.NET，这两种开发技术自带全面的安全服务，而为了使安全性、可靠性以及访问速度得到优化，他们还会采用特殊的 Web 服务器或服务器配置。此外，通过对安全服务的 API 接口进行调用，应用程序可以对用户进行授权和上下文继承。

从应用程序的设计角度而言，安全服务对用户访问列表、应用程序 Session 等进行维护有利于实现数据访问控制，同时严格的组织、组、用户树和维护机制也需要建立起来。

用户权限在 SaaS 各类应用程序中的继承是平台安全的核心，Salesforce 等厂商生产的产品已经拥有权限树继承技术，且从 2006 年开始实现大规模商业运营。此外，提高 SaaS 安全性的重要手段还有 ACL 和密码保护策略，用户能够在自己的系统中对相关策略进行修改，而为了使客户的登录安全得到保证，部分厂商还推出了浏览器插件。

3. 数据库安全

一般来说，大型商用关系型数据库与集群技术是 SaaS 服务普遍采用的技术。从数据库的设计角度来说，多重租赁的软件经常采用的设计方法有以下三种：

(1) 每个用户独自享有一个数据库 instance。

(2) 每个用户独自享有一个数据库 instance 中的一个 schema。

(3) 按照隔离和保密技术的原理，多个用户共享一个数据库 instance 中的一个 schema。

从成本的角度考虑，大多数的 SaaS 服务偏向于选择后两种方案，即所有用户共享一个数据库 license，这可以使成本降低。数据库隔离的方式从 instance 隔离，发展到根据共享数据库通过应用程序的数据逻辑层对用户数据进行增删改授权的隔离机制，这是为了在保证安全性的前提下提高效率。

第二节　云计算网络与系统安全

云计算平台的基础网络、主机、管理终端等基础设施资源是云计算网络与系统的主要设施。从云计算网络与系统安全防护的角度来说，建立云计算基础网络等基础设施的安全防御机制，不仅有利于提高基础设施的安全性和健壮性，还有利于提高服务的连续性和稳定性。而云计算网络与系统安全的实现则需要采用以下几种方式。

一、安全域划分

在对云计算平台的安全域进行划分时，要对云计算平台系统生命周期内网络系统规划的全过程进行充分的考虑，包括网络系统规划的设计、部署、维护、管理以及运营过程中的所有因素。

（一）安全域划分的基本原则

1. 业务保障原则

使网络上承载的业务得到更好的保障是进行安全域划分的根本目标。

不仅网络的安全性要得到保障，业务的正常运行以及运行的效率也要得到保障。

2. 立体协防原则

网络是安全域的主要对象，但对安全域的防护要对物理链路、主机系统等各个层次进行立体防守。此外，在对安全域防护体系进行部署时，要将各种安全功能如身份鉴别、链路冗余、访问控制等进行综合运用以实现协防。

3. 结构简化原则

简单的网络结构方便防护体系的设计，而将整个网络变得简单是安全域划分的直接目的与想要达到的效果。所以，为了便于安全域的管理和实际操作，安全域的数量不能过于繁杂，安全域划分并不是粒度越细越好。

4. 生命周期原则

在对安全域进行划分和布防时，除了静态设计，还需要对安全域不断变化的情况进行考虑。此外，在建设和调整安全域的过程中，还需要对工程化的管理进行考虑。

（二） 安全域的级别划分

云计算平台一般由五个安全域组成，它们分别为生产域、运维管理域、办公域、DMZ区和Internet域。按照安全域划分的基本原则，同时结合云计算平台具体应用安全等级和防护需求，云计算平台的安全域可划分为三级，安全级别由一到三依次降低，具体如表4-1所示。

表4-1 安全域列表

级别	相关安全域名称
第一级安全域	云平台生产域、运维管理域
第二级安全域	办公域、DMZ区
第三级安全域	Internet域

一般来说，按照安全需求，各个安全域之间应采用防火墙进行安全隔离，这有利于保证安全域之间的数据传输符合相应的访问控制策略，使本区域内的网络安全得到保障。而按照业务类型和不同客户的具体情况，在各个安全域的内部应再规划下一级的安全子域。在虚拟化环境中，为了不

发生通信流量相互干扰的情况，可将虚拟交换机、虚拟防火墙等措施综合起来使用，从而将不同用途的网络流量分隔开来，这也有利于使网络资源的安全性和稳定性得到提高。

二、基础网络安全

云计算平台基础网络的可扩展性要想实现，其整体网络就需要对 IP 地址进行统一规划，为了避免发生地址欺骗的情况，云计算平台所属的服务器以及生产客户端应该将 IP 地址和数据链路层地址进行绑定。

为了使核心网络设备的业务能力能够满足业务高峰期需要，首先，核心网络设备应该支持设备级和链路级的冗余备份；其次，核心网络设备的业务处理能力也应该具备冗余空间；最后，应该根据对业务服务的重要程度对带宽分配优先级别进行指定，这有利于当网络出现拥堵时重要系统可以得到优先保护。此外，要重视异常流量监控体系的建设，这对基础网络防攻击处理能力的提高起着重要作用，而当外网对云计算平台进行 DDoS 攻击时可以及时发现并对其进行阻拦，这有利于使云计算平台的服务连续性得到保证。

与此同时，对云计算平台和外界的访问控制应该加强，任何云平台相关系统只要接入互联网就必须安装防火墙，其安装的位置应该在 DMZ 区与内部网络之间，互联网接入点与 DMZ 区之间。

从云计算平台监控与维护的角度而言，要确保网络设备所在物理区域是安全的，这样可以避免未经授权就进行访问的情况发生。

从网络设备安全管理的角度而言，可以使用 SSH 或 HTTPS 对网络设备进行远程管理，如果因为条件受到限制而必须使用 telnet，那么就需要对其远程管理的 IP 地址、会话时间和失败登录次数的使用进行限制。如果需要使用 SNMP 对网络设备进行管理和监控，那么应该将默认的 SNMP Community 重新修改设置，使其符合强密码要求，同时，应该通过 ACL 将与 SNMP 通信的管理终端 IP 地址进行限制。

三、应用系统主机安全

应用系统主机是信息传输、存储和应用处理的基础设施，具体是指云服务器、运营管理系统以及其他应用系统的主机。由于其自身的安全性对虚拟机、应用、数据和网络安全等多个方面都有所涉及，所以任何一个主机节点对整个云计算系统的安全都可能产生影响。

应用系统主机安全架构主要包括以下几部分内容。

（1）系统安全加固。一要注意安全配置的问题，在应用系统上线前对其进行全面的安全评估和安全加固，同时遵循安全最小化原则，要服务组件和端口没有使用的话就要关闭；二要注意系统补丁控制，要使用专业又安全的工具对主机系统定期进行评估，同时在更新补丁之前要先检测其与现有系统是否兼容。

（2）系统安全防护。一要防范恶意代码，从性能角度考虑，通常不提倡宿主服务器安装防病毒软件，而对于其他应用系统来说，建议安装实时检测和查杀恶意代码、病毒的软件，并注意让管理员对防病毒代码进行手动更新或保持其自动更新；二要防范非法入侵，可以在云计算数据中心网络中安装 IDS/IPS 等设备对入侵行为进行实时检测，情节严重的话还要提供报警服务。

（3）系统访问控制。一是身份鉴别，可以通过严格的身份鉴别技术如多因子认证、单点登录等对主机系统用户的身份进行鉴别；二是账户管理，使应用系统主机的账号具备修改、删除等基本操作功能，允许对账号属性进行自定义设置以及对系统文件的访问权限、对用户登录方式进行设置等。三是远程访问控制，对匿名用户的访问权限进行限制，坚持最小授权原则，根据各自不同的需求对不同的用户授予最小权限。

四、管理终端安全

管理终端是云计算系统的一个基本组件，病毒、木马等的泛滥威胁管理终端的安全性，如果管理终端不安全，它可能会导致整个云计算系统受到被动的攻击，这会形成更大的安全威胁。想要执行终端安全策略，终端需要满足以下几个方面。

（1）终端自身安全防护。一是终端的初始化，支持根据安全策略完成对终端操作系统的配置等；二是对补丁的管理，构建合理有效的补丁管理机制，可以通过采取合法验证的安全防护措施来获得补丁；三是要防范病毒和恶意代码等，应该在终端上安装防病毒和恶意代码的软件，并及时更新病毒库，同时监控该软件的安装情况，如果客户端没有按照指定安装防病毒软件则禁止其接入网络。

（2）终端安全接入控制。一是终端接入网络需要得到入网认证，只有得到合法授权的用户终端才能接入网络；二是要在终端接入网络之前对其进行强制性安全检查；三是对接入网络的终端实行精密的访问控制，避免用户越权访问。

（3）终端行为监督与控制。一是对非法外联行为进行检测和限制；二是对终端用户上网行为进行检测、监控和记录审计；三是对终端应用软件的安装和使用情况进行审计和控制。

五、容灾安全

为了使云计算平台和应用的可用性得到提高，要构建风险预防机制并采取灾难恢复的措施，这样可以在保证数据安全的前提下，使系统连续运行的能力提高，同时使云计算平台的运营风险降低，从而使云计算服务的质量和水平得到提升。

因为建设容灾系统的成本比较高，所以在实际应用时，首先要对云计算平台安全及业务运营需求进行综合评估，之后可以根据业务发展的实际需要，逐步建设云计算平台容灾中心。如果因为某种突发情况而使整个云计算平台中心瘫痪，这种极端状况一旦发生，必须将其快速切换到容灾系统，保证系统的连续运行。

容灾可细分为三个层级，分别为数据级、应用级和业务级。根据生产和容灾两个中心担当的角色不同，容灾的运营方式可分为主备中心和双中心两类。在构建云计算平台容灾系统的过程中，要对云计算应用的具体需求和成本进行综合考虑，进而对容灾等级和运营方式进行合理的选择。

容灾管理的管理对象主要是关于云计算生产系统及其容灾系统的人员组织和流程规划。开展容灾管理需要建立有效的容灾管理组织机构，制订合理的灾难应对计划，同时要有效地管理和维护该计划的进行。

容灾管理的流程主要包括两部分，即容灾的预警流程和恢复流程。具体来说，容灾预警流程的主要处理步骤包括风险的上报、评估、决策、告知和警备，发起数据恢复或应用接管，以及预警总结。容灾恢复以本地恢复为主，若本地恢复不能进行就进入灾难恢复流程，其主要包括数据恢复、应用接管和应用回切。

为了使容灾系统的可用性不断提高，容灾演练、容灾测试以及容灾培训都需要定期进行。

第三节　云计算数据与信息防护安全

云计算数据都是通过云平台进行处理和存储的，而计算资源使用者和拥有者的相互分离是云计算模式的一个重要特点，因此，用户对数据存储的安全性和隐私性产生担忧是在所难免的。

保护用户数据和信息安全是信息安全的主要目标之一。传统的数据安全方法在向云计算过渡时会面临云模式架构的挑战，因此云计算数据与信息安全的防护需要新的数据安全策略，其具体的防护手段包括以下几个方面：

一、数据安全隔离

为了保证不同用户之间的数据信息能够有效隔离，可以按照应用的实际需要，通过虚拟化、物理隔离以及 Multi－tenancy 等方式，使不同用户之间的数据与配置信息实现安全隔离，从而使每个租户数据的安全和隐私得到保障。

二、数据访问控制

基于身份认证的权限控制方法对数据的访问控制是有效的，例如对身份信息进行实时监控、实时的权限认证等，这都有利于防止用户之间进行非法越权访问。当处于虚拟的应用环境时，可对该环境下的逻辑边界安全访问控制进行设置，例如为了使虚拟机之间以及虚拟机组内部实现精细化的数据访问控制，可以采取加载虚拟防火墙等方式。

三、数据加密存储

实现数据保护的一个主要方式就是对数据进行加密，这样即使有人非法窃取了用户的数据也不清楚其具体内容是什么，因为他们看到的不过是一堆乱码而已。从加密算法选择角度来说，应该选择对称加密算法，其加密性能比较高，例如我国的国有商密算法 SCB2 和国际通用算法 AES 等。从加密密钥管理角度来说，为了高效、安全地对用户信息存储进行管理和维护，可以采用集中化的用户密钥管理与分发的方式。

四、数据加密传输

在云计算应用环境下，通过网络进行数据传输是难以避免的，所以必须重视数据传输的安全性。可以在网络层、链路层以及传输层等实现数据传输加密，网络传输加密技术有利于保证数据信息的完整、机密和可用。从管理信息加密传输的角度来说，可以通过SSL和SSH等方式使管理信息安全得到维护和保障；从用户数据机密传输的角度来说，可以通过IPSec VPN等技术使用户数据的网络传输安全性得到提高。

五、数据备份与恢复

无论将数据存储在何处，用户都需要考虑由于突发性云计算平台系统故障或灾难事件所造成的数据丢失风险，因此，数据的备份与迅速恢复是十分必要的。举例来说，当处于虚拟化的环境时，为了使虚拟机迅速恢复，可以支持基于磁盘的备份与恢复，通过对文件级完整和增量备份的支持有利于提高备份效率。

六、剩余信息保护

在云计算平台中用户的数据是共享储存的，同一个存储空间可能今天分配给一个人，第二天就分配给另一个人，所以要采取一定的手段做好剩余信息的保护。具体来说，在对存储资源重新进行分配之前，云计算系统需要先擦除掉原来完整的数据信息，在删除了存储的用户文件或对象后，要将数据擦除或标识为只写，这样才能防止数据被非法恶意恢复。

第四节　云计算身份管理与安全审计

目前IT系统面临的最大挑战之一就是管理身份和访问企业应用程序的控制。在没有好的身份与访问管理策略的前提下，企业虽然可以利用多个云计算服务，但是从长远角度考虑，要想实现按需计算服务战略，就必须先将企业身份管理服务延伸到云计算。

云计算系统作为用户、基础设施提供商以及服务提供商共同协作的环境，三者分属不同的安全管理域，每个管理域对于自身的内部资源享有最高的管理权限，但是如果想要访问其他管理域就必须进行额外的认证与授权。云计算的这种跨域共享资源的特性，使得跨域的身份认证和访问控制面临极大的挑战。

一、云计算用户身份认证

为了保证身份管理和认证的安全性，云计算系统需要构建统一并且集中的认证和授权系统，这样才能在云计算多租户环境下，使用户权限策略管理和海量访问认证的要求得到满足。

（一）集中用户认证

集中用户认证，一方面可以采取 LDAP、硬件信息绑定认证等主流认证方式，支持多因子认证；另一方面可以针对系统、端口等类型与等级的不同采取相应的组合认证方式，这有利于平衡云计算系统中不同子系统之间的安全等级、成本和易用性。此外，还可以根据云计算提供的用户访问日志记录，对用户的登录信息进行记录。

（二）集中用户授权

集中用户授权，可以通过对用户、用户级别等的定义，实现对云计算系统资源访问的集中授权，同时要重视建立集中授权或分级授权机制，坚持细颗粒度授权策略。

（三）访问授权策略管理

对于访问授权策略管理，首先，可以采用身份认证策略，例如将终端和用户身份进行绑定的策略、完整性认证检查策略等；其次，可以采用集中或分级授权策略；最后，可以采用账号安全策略，例如将连续输入错误口令的账号锁定，将长期不登录使用的账号清除等。

除了上述三种方式之外，云计算用户身份认证还可以通过对用户的认证和授权信息等日志内容进行管理，同时，对于重视构建加密机制，实现对敏感数据的加密存储和传输。

二、云计算用户账号管理

如果想要为云计算系统的集中访问控制、集中授权和集中审计提供真实的原始数据，可通过对云计算用户账号的集中维护管理来实现云计算系统账号的管理。

在对云计算用户账号访问控制时需要遵循以下要求。

（1）要坚持业务需要的原则，对访问和使用用户账户信息的行为进行严格的控制。

（2）要采取口令、令牌等方式对访问账户信息的人员身份进行验证。

（3）向每一个有权访问账户信息的系统用户分配一个独有的账号并对其进行管理。

（4）加强对用户密码的管理，使密码泄露或被窃取的风险降低。

（5）加强对用户账号登录的控制。

在云计算平台系统以及整个传输的过程中，必须对用户账号进行加密，同时要采取各种措施使信息的安全性得到保证。例如，在利用互联网或无线网络传输账户信息时要加密或在加密通道中传输，不能将未加密的用户账号信息利用电子邮件进行传输。

从云计算用户账号信息销毁的角度来说，无论是账户信息已经保存到期或使用结束，严格的销毁登记制度都是必不可少的。而在对用户账户信息进行销毁时要注意符合以下要求：

（1）要在监督员在场时对全部需要销毁的各种云计算账户信息通过妥善的方式及时进行销毁。

（2）在销毁不同类别的账户信息时，应该根据类别的不同分别建立销毁登记记录，记录的内容主要包括用途、使用人、销毁方式和销毁时间等。

三、云计算系统安全审计

与传统 IT 系统相比，云计算系统的分层架构体系使得云计算系统日志的信息显得尤为重要，例如对云计算系统的运行维护、对安全事件的追溯以及调查取证等。云计算系统应该建立成能够进行统一、完整审计分析的安全审计系统，只有通过对各种云计算系统日志进行安全审计，才能使违规事件的事后审查能力得到不断的提升。具体有两个方面的内容：

一方面，要建立和完善云计算系统日志记录与审核机制。日志中记录的内容主要包括用户 ID，操作的内容、日期和时间，以及操作是否成功等。云计算相关系统中应该记录用户的操作记录、对账户信息和系统日志的访问以及其他涉及账户信息安全的系统记录等日志内容。

另一方面，为了保证云计算用户活动日志是完整和准确的，需要采取一些有效的措施，其具体包括以下几个方面。

（1）为了保证系统访问及操作情况的记录是真实的，必须确保云计算中所有重要的系统时钟时间是一致的。

（2）云计算平台生成的各种类型的日志必须及时备份到专门的日志服务器或安全介质内。

（3）使用监控软件从而使日志的一致性与完整性得到保证。

（4）每天审核系统日志的内容，日志记录的保存时间至少要在半年以上或者更长时间。

第五章　大数据时代安全云技术与实践运用

安全云服务就是在网络安全领域运用云计算技术。随着科技的不断发展与应用，安全云技术逐渐投入到实践运用中。本章节，我们先了解安全云服务的技术与实现，然后掌握如何对安全云服务进行部署和应用，最后再从电信运营商和安全设备提供商的角度出发，了解安全云的实践运用。

第一节　安全云服务技术与实现

一、安全云服务的层次模型

（一）云计算技术运用于网络安全领域的技术路线

云计算技术在网络安全领域运用，通常有以下两种不同的技术路线。

1. 技术应用模式

这种技术路线是通过对三种不同的云计算业务模式的核心技术进行研究，然后探索如何将其应用在网络安全领域。比如，研究在服务器虚拟化之后如何对网络安全进行部署才能够获得虚拟化的安全服务功能；再如通过 PaaS 的分布式计算技术来提升网络安全的分析和计算能力，等等，这些采用的都是技术应用模式的技术路线。通过这种技术路线，利用云计算技术提升网络安全服务能力、提高网络安全分析能力、增强网络防御能力虽然有一定的作用，但是安全防范能力在网络安全领域中属于一种比较特殊的 IT 资源，安全防范的业务特点和 IT 计算、存储的能力特点是大相径庭的，因此，采用这种技术路线来直接套用云计算技术所能起到的作用也是事倍功半的。

2. 业务应用模式

这种技术路线的核心就是将 IaaS、PaaS、SaaS 的业务提供层次作为基础，把网络安全基础设施、网络安全在线软件服务、网络安全平台能力作为业务提供目标，然后对这三种安全业务能力的构建和在网络化提供中设计的各种解决方案进行研究和探索。这种技术路线对于安全云技术的实现是建立在对云服务理念的探索之上的，全面充分地考虑到了当前的网络安全能力要求、设备情况和发展的需求，这与网络安全防范的特点和要求是相符的。

综上，将云计算技术运用于网络安全领域时，采取第二种技术路线是比较科学合理的。

（二）安全云服务层次模型

我们这里探讨的安全云服务的技术实现主要是以“业务应用模式”为技术路线的。安全云服务主要提供三个层次的安全服务能力，如图 5-1 所示。

图 5-1　安全云服务提供的三个层次

在这三个层次中提供的安全服务能力层次模型如图 5-2 所示。

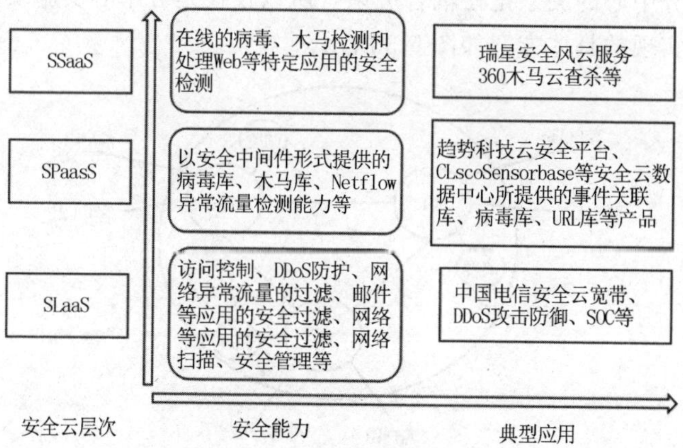

图 5-2　安全云服务层次模型

由于业务应用模式是安全云服务层次模式的基础，因此，即使是同一个安全能力，如果其对应的业务应用模式不同，那么其安全云服务的层次也可能是不一样的。

二、安全云服务的资源池化和虚拟化

通过互联网并按照客户需求提供 IT 资源服务，这是云计算最为核心的理念。为了达成这个服务目标，云服务的提供商必须要拥有一个容量充分的资源池，即便是在业务并发的高峰期，资源池也能满足所有用户的服务需求，这就是云服务的资源池化。

实际上，用户在使用云服务时对云计算的架构和实际的技术实现过程并不了解，因此，在用户的感知中他们使用的是独立完整的设备或者计算资源，用户对独立性的要求，在一定程度上能够促使云服务的解决方案在实现资源池化的基础上，提供将计算资源划分为多组的业务逻辑单元并分别给用户提供相应的能力，这就是云服务的资源虚拟化。

接下来，我们以防火墙访问控制和 DDoS 攻击防护为具体案例，来探讨这两类安全能力的资源池化和虚拟化方案。这两种业务在实施云化的过程中主要有以下几种特点。

（1）对于防火墙访问控制和 DDoS 攻击防护这两种业务来说，实施安全能力的资源池化和虚拟化都需要建立起分布式的安全云服务中心，目的就是实现全网用户的业务要求，这是这两种业务的共同特点。

对于防火墙访问控制这个业务来说，各个分中心的任务就是为就近接入中心的用户提供服务，所以通常情况下它们是不给远端客户提供服务的，各个分中心的关系是松耦合关系，所以仅仅是分中心实施安全资源池的调度，实现的具体方案如图 5-3 所示。

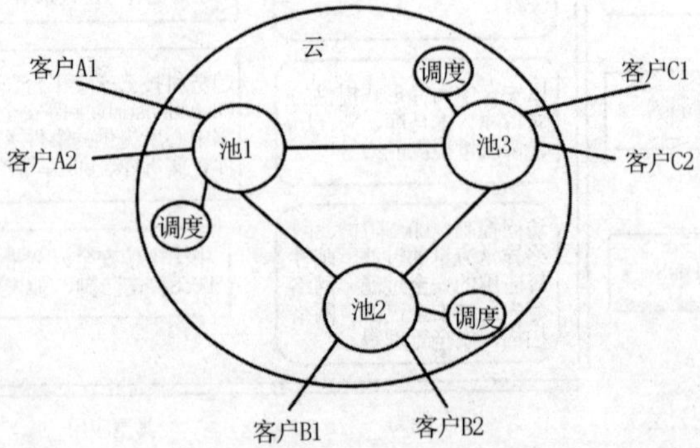

图 5-3　防火墙访问控制业务安全资源池实现方案示意图

对于 DDoS 攻击防护这个业务来说，各个分中心不仅要为就近接入的用户提供服务，通常情况下还会受到调度中心的调度，为远端客户也要提供相应的服务，此时各中心的关系则是紧耦合关系，实现的具体方案如图 5-4 所示。

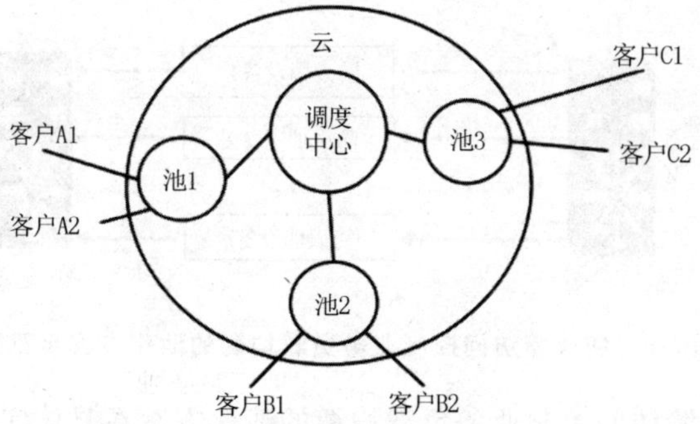

图 5-4　DDoS 攻击防护业务安全资源池实现方案示意图

（2）防火墙访问控制和 DDoS 攻击防护这两种业务对网络状态监测的依赖程度是不同的。大多数防火墙访问控制都会采用网络状态检测技术以提升设备的性能和安全防范的能力，而大多数 DDoS 攻击防护设备都不会依赖网络状态检测技术。

因此，在构建安全云分中心时，因为 DDoS 攻击防护设备不依赖网络状态检测，所以要实现资源的池化只需要通过等价路径的方式就可以实现，具体实施方案如图 5-5 所示。

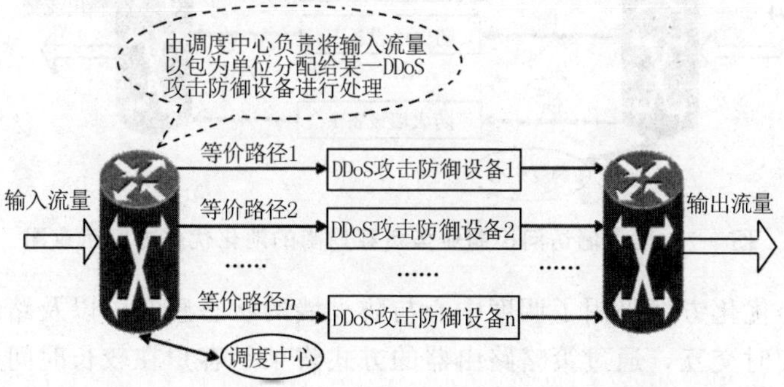

图 5-5　DDoS 攻击防护防御业务负载均衡的池化方案示意图

在防火墙访问控制业务中，如果防火墙是包过滤的非状态检测防火墙，这时也可以采用像上述 DDoS 攻击防护防御业务负载均衡的池化方案，但大多数情况下防火墙都是状态检测防火墙，因此上述方案是不适用的。如果防火墙是状态检测防火墙，一般采用四层交换机的负载均衡池化方案，目的是要保证同一会话的连接能够分配到同一台防火墙去处理，具体的实施方案如图 5-6 所示：

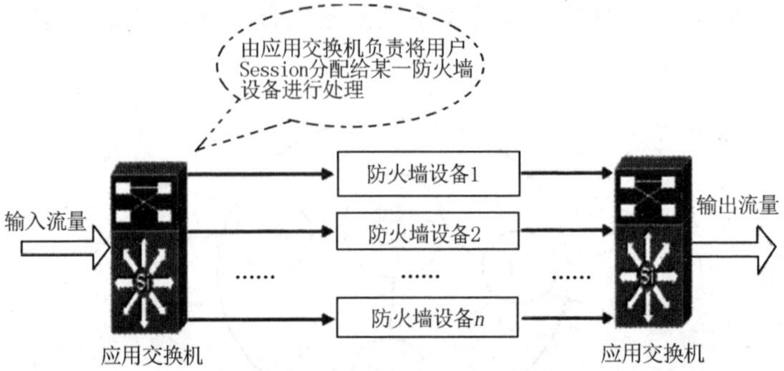

图 5-6　防火墙访问控制业务负载均衡的池化方案示意图

这种防火墙访问控制业务负载均衡的池化方案在具体实施过程中是十分简单的，但是也存一些问题，比如应用交换机可能会对防火墙的性能产生障碍，而且每一台防火墙都要维护所有的安全策略表，所以工作效率比较低下。解决该问题的优化方案如图 5-7 所示：

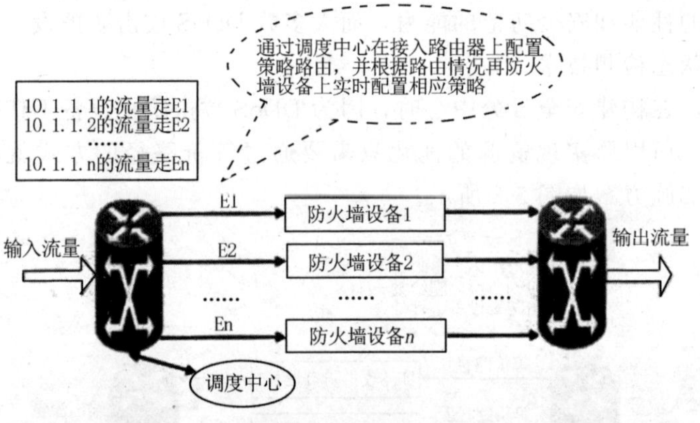

图 5-7　防火墙访问控制业务负载均衡的池化优化方案示意图

这个优化方案采用了调度中心与防火墙的状态感知，以及路由器和防火墙的实时交互，通过策略路由器的方式将某一客户在较长时间内的网络流量都交给某一台防火墙来完成。虽然这个方案解决了上文提到的那些问题，但同时也带来了一些新的问题，比如调度算法复杂等。

第二节　安全云服务部署和应用

一、安全云部署方式

目前，安全云的部署方式主要有两种，一是中心云部署方式，二是“云＋端”部署方式。

（一）中心云

利用“云端”的海量计算能力是中心云部署方式最核心的思想。主要是在由巨大的服务器或者设备集群构成的“中心架构”云计算系统上，超大规模的计算和存储能力是可以实现的，同时这也有利于使安全系统的服务效率和服务能力得到全方位的提高。

（二）“云＋端”

利用海量的终端分布式处理能力就是“云＋端”部署方式最核心的思想。主要是通过分布在互联网各处的海量的终端来进行安全信息的收集，在经过本地的安全处理之后再上传到安全云服务中心的平台做协同分析处理。

中心云和“云＋端”两种部署形式都已经在安全云领域实践并应用，但是根据安全服务能力的不同需要，就会采用不同的部署方式，具体如图5-8所示。

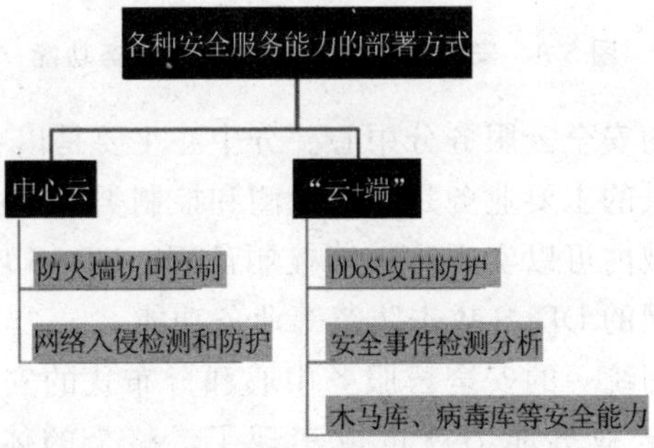

图5-8　不同安全服务能力的部署方式

二、安全云服务的应用

通过调查研究发现，目前市面上提供的安全云服务主要集中在在线查杀病毒、过滤和检测恶意代码、邮件安全检测和过滤等，像防火墙访问控制、DDoS攻击防护等安全服务就比较少见了，流量检测和过滤类的业务则更加少有。造成这种现象的原因是多方面的，但最主要的还是因为安全云服务的部署和实际应用存在一些问题。为了改变这个现状，促进安全云服务体系的部署和运用，就要转变发展方式，避免安全云服务提供商在安全云服务行业中一枝独秀现象的发生，其他有关安全云服务的产业链也要充分发挥各自的优势。在此之中，电信运营商在控制用户的流量管道方面有得天独厚的优势条件，可以与安全云服务提供商加强联合，实现优势互补，共同打造全网的安全云服务平台，为用户提供全面的网络安全服务。主要包括以下两个方面的内容。

（1）全网统一的安全云服务中心。这个服务中心的作用主要是为用户提供安全检测和分析类能力以及在线安全软件类能力。它能够提供的业务功能如图5-9所示。

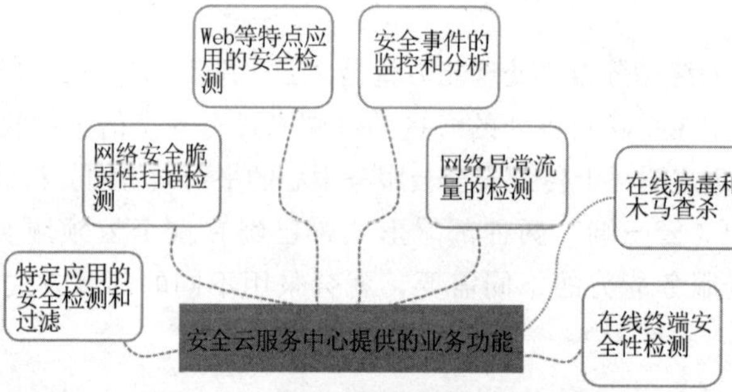

图5-9　安全云服务中心提供的业务功能

（2）分布式的安全云服务分中心。分中心主要是以一个省的网络为基本单位，能够提供的主要业务是流量检测和控制类安全业务能力，在这个分中心所属的区域内可以实现防火墙控制访问、DDoS攻击防护、入侵检测和防护以及全网的DDoS攻击防范等业务功能。

通过建成全网统一的安全云服务中心和分布式的安全云服务分中心，覆盖全网的安全云业务能力就可以实现了，整个的体系架构如图5-10所示。

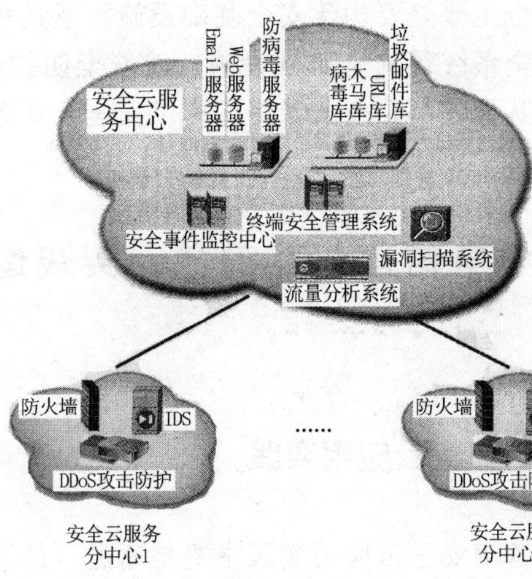

图 5-10　全网安全云服务体系架构

三、安全云服务应用策略

安全云服务应用主要有私有安全云、公有安全云和混合安全云三种应用策略（如图 5-11 所示），不同的组织和企业可以根据自身不同的需要进行安全云服务的建设。

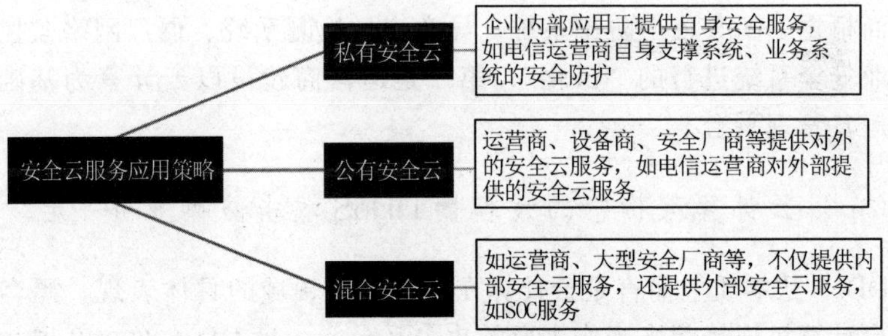

图 5-11　安全云服务应用策略

电信运营商有丰厚的网络资源，因此在发展安全云服务时应充分利用网络资源，以网络为中心，向平台和终端延伸，对比较有竞争力的安全云服务进行优先发展。比如在网络上建立高性能的安全云服务平台，为使用宽带服务的用户提供集约化、可定制化的安全接入服务等。

对于电信运营商来说，发展安全云应用的策略就是充分利用云计算技术及其相关的应用理念，将内外部的安全资源充分融合起来，通过“池化”效应，使整体的安全基础设施利用效率和安全服务能力能够大幅提升。

此外，内部云安全主要是要构建安全基础设施。通过利用云计算技术及其理念建立整合安全系统等安全基础设施，对安全防护机制进行优化。外部安全云主要是为其他外部企业或者组织提供安全云业务。

第三节　电信运营商安全云实践运用

一、电信运营商安全云应用实践

近几年，电信运营商安全云应用实践主要是通过云计算技术和应用理念，在结合全网内外部安全资源的基础上，利用资源“池化”效应，以此增强整体安全基础设施利用效率和安全服务效能。具体到实际而言，电信运营商安全云应用实践主要涉及运营商内部安全云和运营商外部安全云两个部分。

其中电信运营商内部安全云实践的主要目标是“云化”运营商的安全基础设施，运营商利用云计算技术对自身安全系统和基础设施进行新建和优化整合，以确保全网安全资源能够实现统一调度和统计，进而增强全网的安全防护能力。当前运营商内部安全云实践主要涉及两个方面：第一是运营商根据DDoS攻击防御系统、异常流量检测系统、僵尸网络监控系统等专业安全系统进行的“云化”；第二是运营商建设以云计算为基础的安全云运营管理平台。

（一）云计算架构中的大容量DDoS攻击防御业务平台

DDoS从本质上而言是云计算在网络安全领域的具体表现，黑客可以将多台计算机连接起来当作主要的攻击平台。一旦DDoS攻击开展，大规模的攻击流量可能会导致整个城域网、IDC以及骨干网局部的网络链路堵塞与业务中断。

针对DDoS这种具有高破坏性的云计算应用，电信运营商使用的是与DDoS相统一的安全应对方式。其利用在骨干网层面建立以云计算架构为基础的大容量DDoS攻击防御云平台，在“统一调度、并行处理、就源清洗”的处理机制指导下，应对不断扩大的僵尸网络。“防御云平台”能够实现对骨干网安全防护资源的统计复用，这极大地提升了防御能力，并且相较于传统防御机制而言，其扩展性更好，冗余性更强，同时也能够节约投资建设资源。

以云计算为基础的大容量 DDoS 攻击抵御云平台，包括 DDoS 流量检测系统和 DDoS 攻击清洗系统，图 5-12 是“DDoS 攻击防御云平台”概略图。

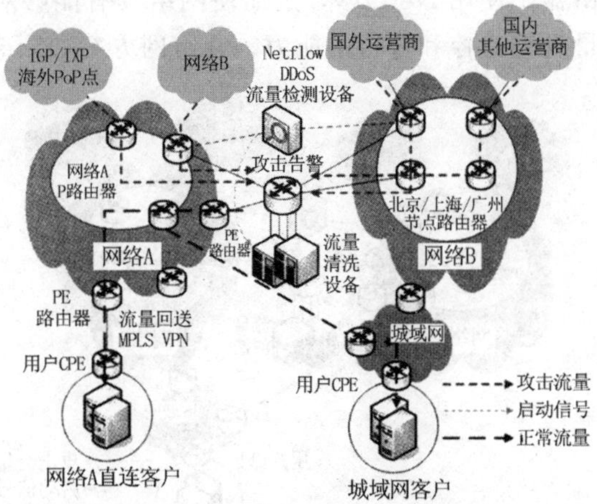

图 5-12 DDoS 攻击防御云平台

1. DDoS 流量检测系统

DDoS 流量检测系统的主要任务是针对 DDoS 攻击行为进行分析，其被动检测网络业务负责寻找同“正常”行为具有偏差或 DDoS 攻击的基本行为。攻击在被检测出来时，DDoS 流量检测系统会发出警报并提示给 DDoS 攻击清洗系统，以此触发 DDoS 攻击清洗系统的启动。此外，该系统也支持攻击报警提示相关的维护人员，通过手动启动 DDoS 攻击清洗系统以及执行有关的快速应对措施。

2. DDoS 攻击清洗系统

DDoS 攻击清洗系统是 DDoS 攻击防护解决方案中的关键构成要素。DDoS 攻击清洗系统涉及多个高性能 DDoS 攻击缓解设备，在流量被“推入”到该设备中时，可以利用流量分析验证技术对正常业务流量和恶意攻击流量展开识别和分类，在限速或过滤手段中遏制攻击流量，以此确保合法的数据包能够传送到目标地址。

（二）云计算大容量 DDoS 攻击防御云平台的组网方案

在运营商的应用实践中，云计算大容量 DDoS 攻击防御云平台主要使用三种组网方式。

1. 骨干防御平台组网方案

骨干防御平台组网方案是在电信运营商的骨干网构建流量清洗平台，在骨干平台路由器中使用 Netflow，进而使网络具有能够对异常流量和潜在安全威胁流量进行监控和分析的能力。其组网方案如图 5-13 所示。

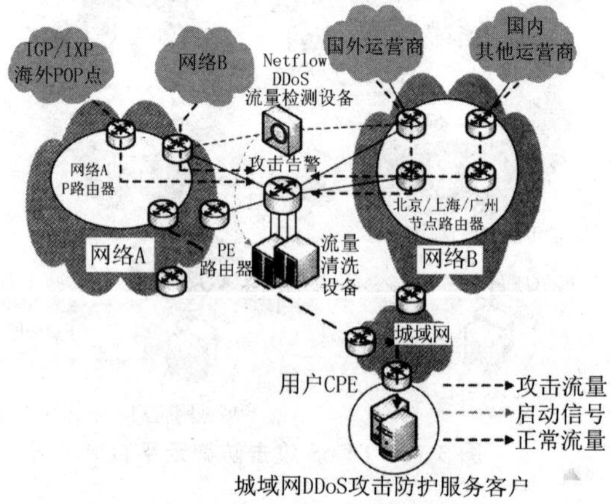

图 5-13　骨干防御平台组网方案

2. 本地防御平台组网方案

本地防御平台组网方案是在城域网的出口构建流量清洗平台，在城域网核心路由器处使用 Netflow，这样能够帮助网络具有对异常流量和潜在安全威胁流量的监控与分析能力。同时还要在省网管中心或城域网网管中心部署专业流量检测设备，对 Netflow 流量信息及时进行采集，同时对攻击流量进行识别和判断。其组网方案如图 5-14 所示。

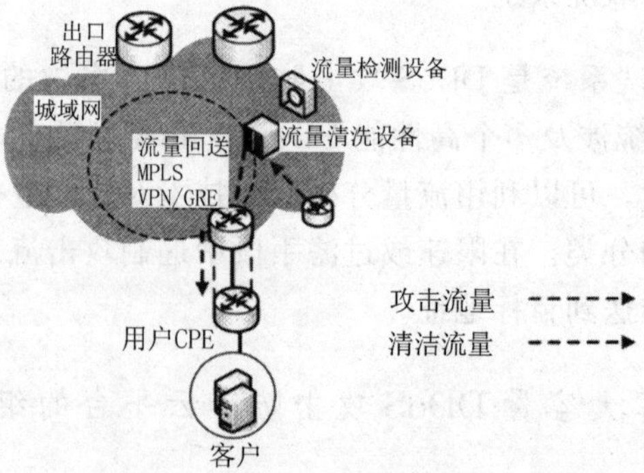

图 5-14　本地防御平台组网方案

3.“骨干＋本地”二级防御平台联动组网方案

骨干防御平台系统无法对城域网内部的攻击进行防御，同时其本地防御平台防护容量也较为有限，仅依靠骨干防御平台或本地防御平台开展业务都存在运营风险，为了降低这种风险，需要将骨干网平台中的大容量清洗能力和本地平台的灵活性部署联系起来，在降低业务规模部署成本的基础上，增强全网攻击抵御能力。“骨干＋本地”二级防御平台联动组网方案如图 5-15 所示。

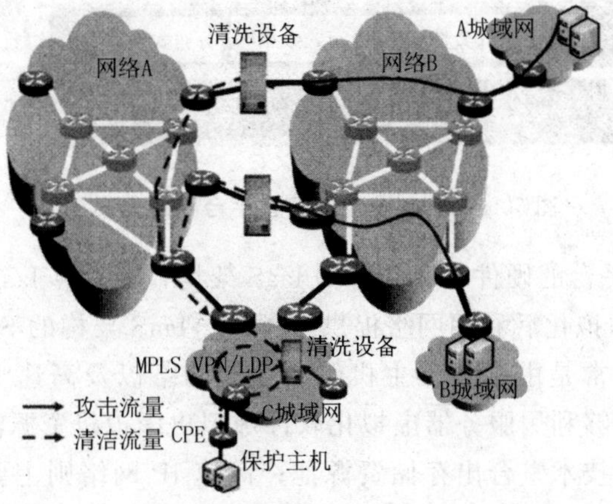

图 5-15　“骨干＋本地”二级防御平台联动组网方案

二、云安全业务运营平台

SOC 是电信运营商和大型 ISP 的安全运营平台。SOC 不仅能够完成对防火墙、异常流量监测、流量清洗、防病毒等各个子系统的管理，同时还能够利用对安全信息的分析处理获得常规安全产品所不能实现的综合安全管理功能。因此，它可以作为一个安全信息的综合处理平台开展运行工作。

云计算技术的加入能够极大优化 SOC 的安全业务提供能力，SOC 的“云化”指的是安全子系统的“云化”和安全信息处理系统的“云化”，其可以促进安全系统服务效能的提升。利用对当前安全运营管理平台系统的“云化”，合理使用云计算技术构建“云＋端”超大规模安全事件和信息处理平台，组建以云计算为基础的安全云运营管理平台，能够实现对海量信息的深入收集、挖掘与分析，同时能够完成对全网安全基础设施的管理和调度，增强全网安全态势把控能力和风险控制能力。

云安全业务运营平台实践方案如图 5-16 所示。

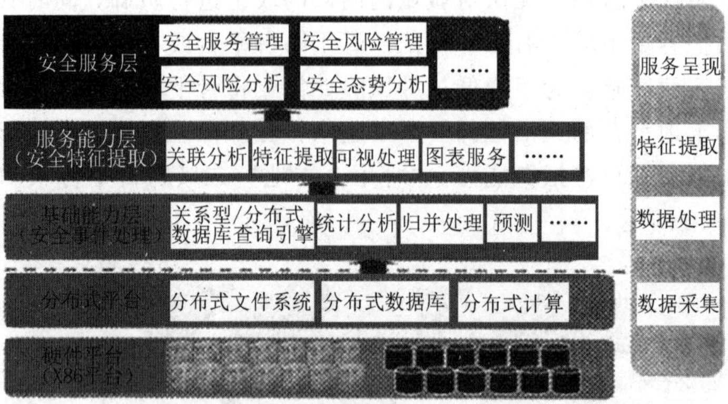

图 5-16　云安全业务运营平台实践方案

当前 SOC 平台的硬件平台转移到 IaaS 架构，云计算 IaaS 服务将会把 SOC 基础设施虚拟化后利用网络提供给用户。IaaS 架构的 SOC 硬件平台中心物理拓扑通常是由服务器主机组、存储网络以及高速 IP 网络组成：服务器主机组能够利用服务器虚拟化软件虚拟出虚拟机资源池；存储网络利用存储虚拟化技术整合出存储资源池；高速 IP 网络则主要负责提供对存储资源池的便捷高速访问。用户可以利用网络接入到 SOC 硬件平台中心，以此获得虚拟主机、弹性存储等 IT 基础资源。

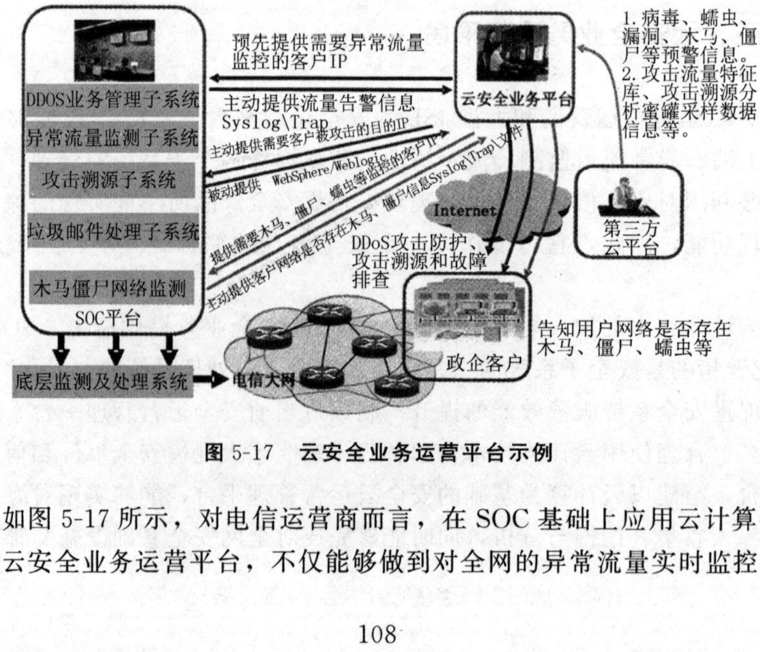

图 5-17　云安全业务运营平台示例

如图 5-17 所示，对电信运营商而言，在 SOC 基础上应用云计算技术建设云安全业务运营平台，不仅能够做到对全网的异常流量实时监控、网络安全事件监控、关联分析和安全预警服务，同时还能以安全子系统和业务平台为基础，为客户提供 Botnet 监测、异常流量监控、DDoS 攻击防护、安全事件监控等各种“云化”的安全服务。这种优势主要体现在两个层面：一个是覆盖层面，其能为用户提供全程全网的云安全服务；另一个是服务效能层面，其可以提供更高可靠性、更高性价比和更高服务效率的安全服务，用户能够按照自己的安全需求，定制自己所需的服务内容。

三、安全云宽带

当前，已经有电信运营商提出安全云宽带概念，利用“安全云＋宽带网”的合作关系，以服务方式向宽带用户提供相应的安全云服务。将高速宽带和云计算结合后衍生出的安全云宽带产品彻底打破了用户的计算机安全防护习惯，用户无须在本地计算机上安装安全防护产品，只要利用宽带云端的安全虚拟防护功能和安全虚拟存储的动态分配就能实现持续使用具有良好防护性能的计算机。

当前，发展安全云宽带已经逐渐成为运营商优化云宽带产品，尤其是云宽带能力的主要发展目标。具体到实践，某个电信运营商的“安全云宽带”业务主要以 xDSL/LAN 拨号上网用户为主，安全云平台和客户端主要使用云＋端协调工作机制，运营商能够在网络侧集群部署具有多项功能的安全云网关设备，以此组建“安全云宽带平台”，使宽带用户安全资源池化。

“安全云宽带”产品的网络架构如图 5-18 所示。宽带用户只需通过更改账号域名，就能实现在普通宽带接入和安全云宽带接入之间的切换。

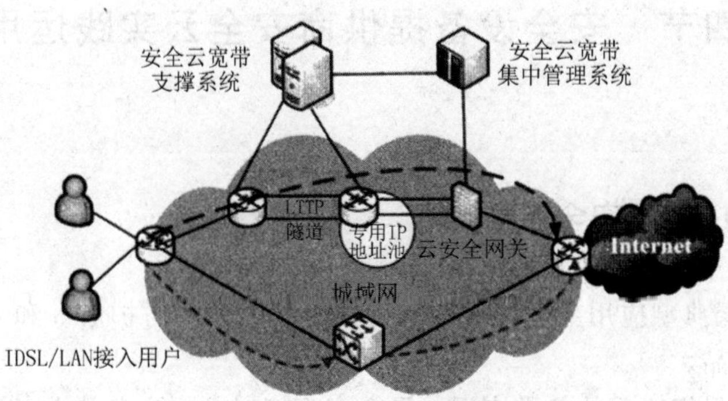

图 5-18　安全云宽带网络架构

图 5-19 中则为我们展示了安全云宽带进行的两次认证。

(1) 用户进行拨号上网，利用宽带远端接入服务器，之后将认证请求发送给后台 RADIUS。在认证通过之后，RADIUS 会返回限速和隧道信息，BRAS 和 LNS 将会建立 L2TP 隧道。

(2) LNS 向后台 RADIUS 发送第二次认证请求，这次认证无需对账号、密码等进行验证，系统会直接按照云宽带用户选择的业务模式，返回对应地址池给 LNS，再由 LNS 在对应的地址池中以此为云宽带用户划分 IP 地址。

(3) 云安全网关按照预定义的策略，对云宽带用户应用对应的安全策略。

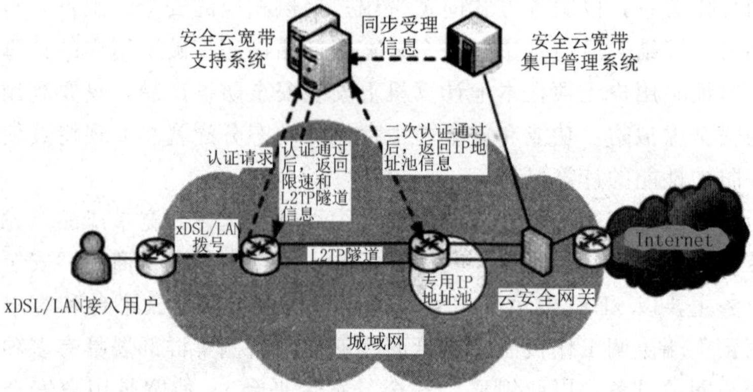

图 5-19 安全云宽带认证过程

第四节 安全设备提供商安全云实践运用

一、SIaaS 层安全云实践

SIaaS 层典型应用主要包括趋势科技中的“云中防护盾”和“云中保险箱”等产品。

为了确保组成云的各类应用、平台、环境以及用户存放在云端的各类敏感和隐私数据不被感染、攻击、窃取和非法利用，趋势科技推出了“云安全 3.0”解决方案，提出了“云中防护盾”和“云中保险箱”技术来保护企业数据中心和应用系统的安全，同时防止用户存储在云端的隐私和数据被非法利用。

“云中防护盾”指的是将防火墙、入侵防御、应用服务保护、系统完整性保护、虚拟补丁等重要功能整合起来，将其与虚拟环境相关联，以此为简单系统、企业服务器集群、数据中心、各种应用服务系统、各种云服务平台等提供全面、有效的保护。

“云中保险箱”指的是利用云中密钥管理机制，对企业存储在云端的数据进行加密保护，以此帮助企业更好地使用云平台进行数据的交换和存储。

二、SPaaS 层安全云实践

SPaaS 层比较有代表性的应用有：绿盟科技的“云安全”平台、趋势科技的“信誉评估技术”、思科 SensorBase 云火墙等安全云数据中心所提供的事件关联库、病毒库、垃圾邮件库等产品。

（一）“云安全”平台

绿盟科技在 2008 年正式宣布开始云安全计划，其成为国内首家展开云计算和云安全领域探究的网络安全厂商。绿盟科技提出的云安全计划中包括具有不同能力类型的安全云，其主要目的是利用在全球范围内大规模建设中心服务器群，对入侵防御、漏洞扫描、挂马防范等方面进行全方位覆盖。同时对恶意网站和异常流量展开监测，对互联网中存在的威胁、漏洞等进行大规模分析和总结，对其中有重大嫌疑的恶意网站和恶意代码等及时更新到绿盟云计算中心服务器群，进而应用到客户关键应用中，以此更快地应对突变的安全威胁。

根据门户网站和网上交易出现的各种现实问题，例如出现问题没有办法及时进行通知、无法实现 24 小时监控、缺少历史数据展开长期风险分析等，绿盟科技推出了以云安全平台为基础而开展的“网站安全监测服务”和“网站域名解析监测服务”等云安全服务，为用户网站提供实时的监测服务，能够让用户及时了解自身网站的安全情况，同时也会对缓存服务器和授权域服务器的解析结果等进行实时监控，为企业站点的正常和谐运转提供保障。

绿盟科技的“网站安全监测服务”是一种托管式服务，这种服务使用透明部署模式，用户不用安装任何硬件或软件，不用对当前的网络部署情况进行改变，也不用安排专业人员负责安全设备维护。用户只需将需要监测的网站域名告知绿盟科技工作人员，在获得许可之后，就能获得全天候的网站安全计策服务。

“网站安全监测服务”的主要内容如图 5-20 所示。

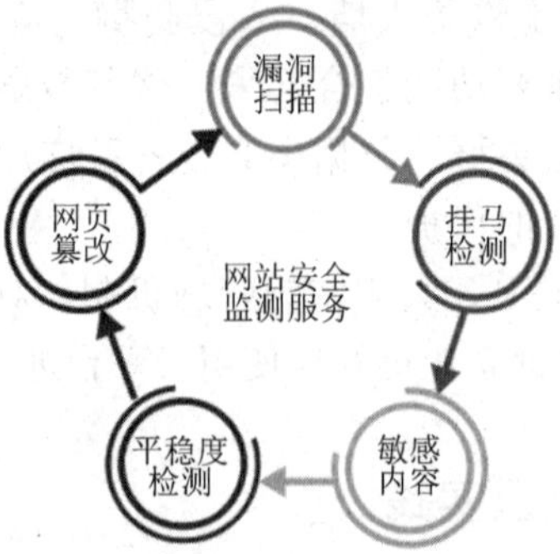

图 5-20　绿盟科技的“网站安全监测服务”内容

(1) 远程网站漏洞扫描服务

网站产生的漏洞是站点被攻击的主要原因，利用远程的网站应用层漏洞扫描，绿盟安全专家可以对网站结构展开分析，而用户则不用购买 Web 应用扫描产品，就能获得网站的漏洞状况分析和具体的修补意见。

(2) 远程网页挂马检测服务

绿盟科技是以“云安全”平台为基础，利用智能挂马检测技术对网站页面中的恶意代码进行准确识别，以此使网站管理员在第一时间就掌握自己网站的安全状态，从而避免因挂马给访问者带来安全隐患。

(3) 网页敏感内容监测服务

网站安全监测服务通过对监测目标站点的实时监控，能够对敏感关键字内容进行及时的捕捉，并在第一时间通知用户。此外，用户还能够根据自己的需要自定义敏感关键词监测。

(4) 网站平稳度监测服务

对服务站点展开实时远程访问平稳度的动态监视，跟踪重点对象的访问平稳度动态变化情况，以此按照严重程度发出报警信号。

(5) 网页篡改监测服务

实时监测目标站点页面情况，在发生页面被篡改的情况时，需要第一时间通知用户，以此降低自身声誉和法律方面的风险。

绿盟科技的“网络安全监测服务”流程为：用户将需要监测的网站域名告知给绿盟科技服务人员，在获得许可后就能得到网站安全监测服务。若用户的网站出现风险突发情况，绿盟安全监测团队会向用户进行反馈，同时提供专业的解决方案。此外，绿盟安全专家还会为用户提供周期性的监测报告，以此帮助用户了解网站的风险情况与趋势。

（二）以信誉评估技术为基础的安全云产品

趋势科技是首批提出安全云概念的防病毒产品提供商，他们的安全产品在经历多个发展阶段后，当前已进入“云安全 3.0”，其发展流程如图 5-21 所示。在“云安全 3.0”中，趋势科技的“云中防护盾”和“云中保险箱”安全云产品也逐渐扩展到对云安全的保护。

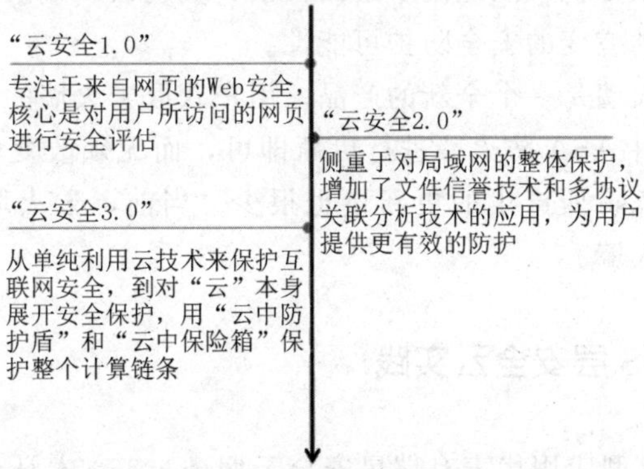

图 5-21　趋势科技“云安全”进化图

趋势科技提出的“安全云”防病毒产品概念主要是利用信誉评估技术，在不断更新的安全等级信息中获得有效解决方式，在威胁来临之前就形成抵御网，防护危险攻击。信誉评估技术主要由“邮件信誉技术”“Web 信誉技术”和“文件信誉服务”三者构成。

趋势科技所提供的三种信誉服务之间还可进行信息的相互交流，同时其所提出的“安全云”概念还可以使用关联分析技术和行为分析来对多种活动进行观察，判断这些活动是否具有恶意威胁信号。比如在发现钓鱼邮件时，这个邮件中所涉及的网址信息将会被上传至 Web 信誉数据库中，一旦被判定为恶意网页，就会在 Web 的信誉数据库中进行记录。由此一来，恶意内容一经出现，就能立即将有关来源或文件记录在数据库中。利用这种形式能够将网络威胁的信息记录在数据库中。而在用户受到网络威胁时，因系统已具有安全防护措施，因此便能极大提升防护的效果。

（三）基于“信用报告”的第五代防火墙

防火墙的发展大致经历了软件防火墙→硬件防火墙→ASIC 防火墙→UTM 等阶段。思科公司提出的云火墙可以被当作是第五代防火墙，其部署的云端数据库 SensorBase 是云火墙的核心。SensorBase 是对 SenderBase 的继承，SenderBase 是全球最大的邮件流量监控网络，它能够提供有关全球安全威胁的实时视图和电子邮件的“信用报告服务”。思科在将 SenderBase 更名为 SensorBase 后，在其中间增加了僵尸网络主控数据库，这能够更好地监控僵尸网络动态。此外，思科还利用 SensorBase 在全球收集各类恶意 URL 和挂马地址，展开动态实时的威胁信息集中取样、共享和关联分析，以此同步给云火墙，实现云＋端的同步运转，这极大地增强了主动应变的安全防护可能性。

思科的云火墙是一个全新的产品，用户获取云火墙的方式很简单，只需将现有的思科 ASA 防火墙进行更新即可，而无须改变任何硬件。与此同时，SensorBase 所产生的更新量也很少。当前，云火墙产品已经成为思科的主流防火墙。

三、SSaaS 层安全云实践

SSaaS 层典型应用代表有瑞星安全云服务、360 木马云查杀等在线病毒、木马检测等特定应用的安全监测等。

（一）以“智能主动防御”技术为基础的安全云产品

在“云安全”策略和“智能主动防御”技术的支持下，瑞星公司开发了“瑞星全功能安全软件”来解决“木马病毒互联网化”引发的各类危机问题，这是杀毒软件的互联网化对木马病毒的互联网化的还击。

从图 5-22 中可以发现，“瑞星全功能安全软件”能够将用户和瑞星云安全中心以网络为载体进行连接。其以分布在互联网各个角落的用户为主体，构建起一个巨大的木马/恶意软件监测和查杀网络。在瑞星以“智能主动防御”技术为基础的安全云方案中，每个瑞星用户的客户端不仅从服务器“获取”特征码、挂马网址等信息，一旦遇到攻击，还会将信息“贡献”给服务器。每台客户端既会“索取”，也能“贡献”，以此帮助网络获得自我完善、自我升级的能力。

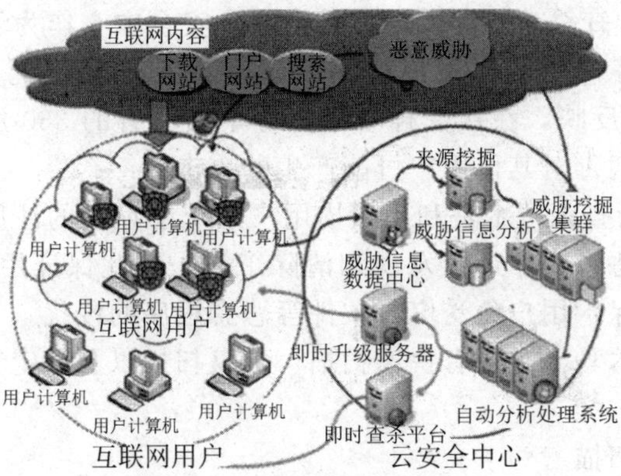

图 5-22　云安全工作示意图

瑞星安全云产品主要具有以下三个特点。

第一，其更新了反病毒工程师的工作内容，从人工分析病毒演变至“人工＋机器智能”，工作效率获得了极大的提升。

第二，其将“云安全”客户端中多数需要耗费资源的功能都转移到服务器端，这样能够极大地减小“云安全”客户端的体积，而功能越来越强，能在极大程度上减少对用户电脑资源的损耗。

第三，其利用对海量客户端上报的攻击信息的分析，可以对挂马网站的发展趋势、智能主动防御拦截到的可疑文件行为进行研究，瑞星则能预测到大规模挂马网站攻击、病毒感染情况，以此选择合理的应对措施。

（二）以客户端为基础的木马云查杀产品

360 木马云查杀是以“云安全”理念为基础实施的，如图 5-23 所示。360 木马查杀与 360 实时保护有类似之处，其已经成为 360 安全卫士的重要构成要件。

图 5-23　360 木马云查杀界面

360木马云查杀功能的实现，是将360安全中心作为云端服务器，以360用户作为客户端。在用户检测到机器内有不明情况的木马病毒时，“云端”会作出反映，在接受样本后，分享给所有的360用户，以此从根源上阻击木马病毒对其他用户可能产生的攻击。

360木马云查杀技术是利用扫描用户系统中存在的注册表和文件，对木马、病毒等恶意程序进行发现和清除工作，以此保证用户的数据安全。此外，其也能保护用户免受广告软件等恶意程序的侵扰。

当前360木马云主要有快速扫描、全盘扫描以及自定义扫描三种扫描模式。

(1) 快速扫描

在快速扫描模式中，云查杀只会对系统关键位置中的文件进行扫描。具体的扫描内容在扫描界面会进行清晰的分类展示。在正常的系统中，用户的数据文件，比如Word文档是不会出现在这些关键位置的，因此也不会被纳入到扫描范围，也不会被上传到云安全中心。但是木马病毒伪装成Word文档存储在这些关键位置，就会被扫描出来，同时上传至云安全中心展开研究。

(2) 全盘扫描

在全盘扫描模式中，云查杀会对PE文件展开扫描，而不会对用户的隐私数据文件进行扫描。

(3) 自定义扫描

这种自定义扫描是用户根据自己的需求来决定扫描范围和扫描内容，用户可以指定位置和目录。

在用户使用360木马云查杀三种扫描模式中的任意一种时，系统会在用户同意并选择“加入云安全计划”时，才会将可疑文件上传到云安全中心，否则不会主动上传任何文件，同时云安全中心服务器中已有的样本也不会再进行上传任务，图5-24为“云安全计划”上报区。

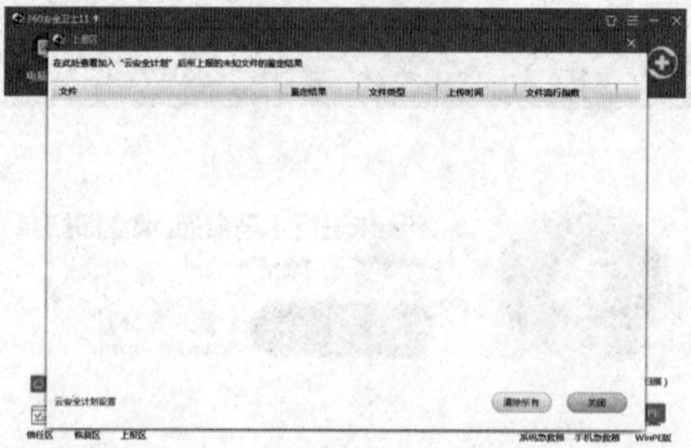

图5-24 “云安全计划”上报区

第六章 大数据时代我国企业云计算的发展实践

大数据时代，我国企业云计算的发展实践对我国信息化建设和软件产业发展都具有十分关键的指导意义。为此，本章选取了我国部分具有代表性的企业，对金山软件、阿里云、中国联通、华为技术有限公司的云计算发展和实践展开分析解读，以此为推动我国企业整体云计算的发展探求新的路径。

第一节 金山软件云计算发展实践

一、金山软件云计算发展基本情况

（一）金山云概述

金山公司在2007年开始筹划建立金山实验室，对云储存技术的研究也逐步展开。起初的规划方案是在技术上进行适当的改造，通过对多个方案进行研究，实验室开始自主研发能够适用于特定情况的分布式存储技术，同时推出了金山毒霸云安全技术。

金山云储存并非一个纯软件方案，其是一个在对环境、硬件、软件、人员等多方面进行综合后得出的综合方案。金山云储存从结构上主要包括以下四层。

（1）环境层：在与IDC构建合作关系的基础上，利用多样布局、电力环境等降低IDC自身成本，以此降低存储单位成本；利用单线机房，借助系统自身的数据调度，用户的上传下载流量则借由单线带宽进行。一般情况下，单线成本会比BGP多线或专线降低一个数量级。

（2）硬件层：同服务器厂商、ODM厂商搭建合作关系，利用定制服务器，使其能够在最大程度上与整体设计获得匹配，以此降低成本。

(3) 软件层：利用软件技术，以此降低对设备的要求。

(4) 业务层：在人员、流程的配套和标准化中，保证方案的顺利开展和服务的稳定性。

（二）技术架构方案

本方案得以实现的关键在于以云计算的智能海量数据应用服务平台为基础，这是一个融合结构化数据及非结构化数据的通用服务平台。通用海量数据处理平台分为三层结构，包括服务层、逻辑层、数据存储层，其中数据存储层主要使用云计算技术，是平台的核心要素。

1. 服务层

服务层是由开放 API 子系统和代理子系统组成。开放 API 子系统主要应用在公开对外调用接口、API 规范说明以及相应的开发 SDK。用户可以开放 API 为基础进行二次开发，定制自己需要的数据应用。Proxy 子系统的主要任务是负载均衡以及会话保持功能，这属于一种无状态的服务。在后端的数据路由层机器启动后，会在 Proxy 代理层的配置中心完成逐层工作，并告知已经启动，此时的 Proxy 就可以将前端的请求转述给数据路由层。请求在数据路由层处理完毕后，会原路返回，最后仍由 Proxy 层将结果推送至最初的请求者。

2. 逻辑层

逻辑层主要包括数据逻辑单元管理子系统和智能数据路由子系统。

数据单元管理子系统的主要任务是管理来自或是返回给上层的数据单元包中的数据关系，该子系统只负责标识数据单元内不同数据的同属关系。智能数据路由子系统的主要任务是进行数据分类的匹配，按照分类将请求转述给结构化数据系统或非结构化数据系统。同时，智能数据路由子系统还具有任务管理功能，可以利用维护任务队列，将任务合并，同时按照系统压力情况分发任务。

3. 数据存储层

该层级主要构成要素包括结构化数据处理系统、非结构化数据处理系统、通用多级备份系统。

(1) 结构化数据处理系统：其主要包括以下几个重要的内部服务系统，如图 6-1 所示。

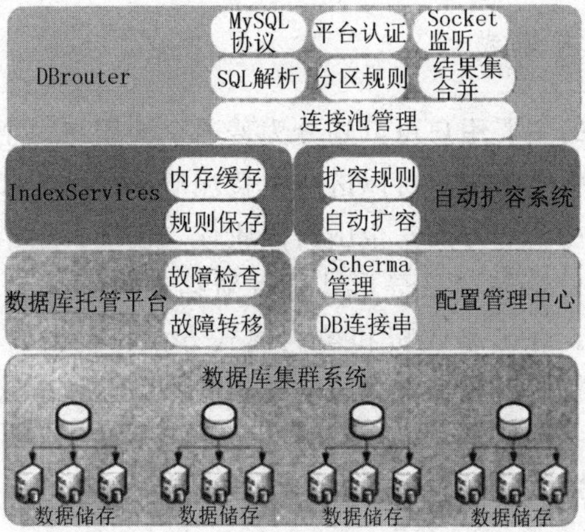

图 6-1　结构化数据处理系统

（2）非结构化数据存储系统：其主要包括以下几个重要的内部服务系统，如图 6-2 所示。

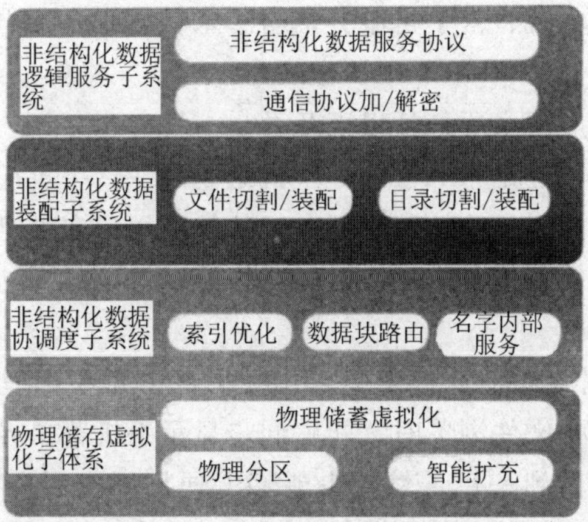

图 6-2　非结构化数据存储系统

4. 平台支撑

（1）监控系统：该系统的主要作用是对整个平台中每个关键了系统的正常运行进行监控。例如物理机器能否正常工作、子系统是否能完成报错，能否按照不同的错误分级使用不同的预案措施。此外，监控系统还具有实现主要性能指标的采集、存储起来以供各个子系统分析的功能。

（2）用户系统：用户系统主要是定义和管理用户，这同监控系统有相似之处，两者都属于海量数据处理平台的支撑要素。

（三）云服务模式

当前金山云的主要用户可以划分为普通个人用户、企业用户、第三方开发者三种。其中个人用户可以进行免费注册，最大能够获得 15GB 的免费云存储空间。在企业方面，金山云同康佳、创维、小米科技等采用合作开发或为其开发云存储产品等形式。针对第三方开发者，金山会提供免费、开放的接口。在未来收费和盈利模式方面，金山云则主要通过 VIP 服务为个人提供特色服务，以此收取适当的服务费。

二、金山软件云计算产品和解决方案案例

（一）金山云产品概述

当前金山云最主要的产品为金山快盘，在重大关键应用方面，涉及同康佳联合推出云电视、云手机服务，与小米科技联合推出的小米网盘、小米相册等。

其他类型的应用主要包括以下几种。

（1）随手记。这是为 Android 手机定制的一款手机记账软件，主要为用户提供手机记账、预算控制等服务。此外，用户在绑定快盘后，就可以将随手记中的数据上传备份至快盘，这样可以保证数据的安全性，也能够从快盘中恢复数据。

（2）ES 文件浏览器。这是 Android 平台中文件管理器之一，用户在选择该浏览器进行文件浏览时，能够同步显示手机菜单界面，各类应用程序和文件都可以做到一目了然，也能够方便用户查看和卸载不需要的文件，为用户带来更好的文件浏览体验。此外，用户还可以在 ES 文件浏览器的网盘页面中选择快盘，对文件直接进行上传、下载等操作。

（3）简易文件管理：这也是 Android 平台上的文件管理器。其界面比较简洁精美，功能强大，还具有网盘功能，能够使用户在本地文件和网络存储方面获得极佳的操作体验。用户还能够在文件大师的“网络硬盘”中绑定快盘，由此直接实现文件的上传、下载等便捷操作。

（4）腾讯 Q＋Web。在登录 Web QQ 后，用户能够在 Web QQ 页面直接使用快盘功能，具体的操作体验与快盘的网页版相似，能够直接进行上传、下载等操作。

（5）文件大师：文件大师是 Android 平台开发的一款资源管理共享类

应用软件。用户能够在文件大师中“我的云存储”页面中绑定快盘，直接进行上传、下载等操作。

（二）金山云（快盘用户个人版）案例

金山快盘（用户个人版）是金山软件研发的一款免费同步网盘，它以个人用户市场为主。该平台覆盖多个平台，安装快盘客户端之后，计算机、手机、平板、网站之间可以互通互联。金山云旗下个人快盘在同步共享、同步应用、同步协作等方面具有明显的优势，也具有轻松使用、数据全方位保护、数据同步高速传输等特征，这能够使用户获得比较良好的云存储体验。金山快盘是一个比较开放的平台，快盘开放平台为开发者提供了免费且灵活的接入方式和个人开发版本的 SDK，同时也为开放者提供技术论坛、技术群交流群等进行技术意见互换。

（三）金山云（快盘企业版）案例

企业快盘云存储服务主要的构成要素是金山云服务平台、企业快盘客户端软件等。企业快盘以个人快盘产品的存储技术为基础，在延续海量储存能力和强可靠性中，为企业用户提供数据存储、安全以及共享功能，同时针对第三方运营机构它还具有运营管理功能。企业可以利用租用存储空间的形式使用企业快盘云存储服务，根本不需要硬件资源投入，注册就能使用，这能够有效减少运营成木的投入，同时也能为企业获得以下积极价值。

（1）自动汇聚桌面端文件形成海量数据资产。办公终端的各类文档可以实现自动、实时上传，企业能够形成海量的文件资产，也不会担心文件分散、无法管理的问题。此外，当 PC 端遭到损坏或者笔记本丢失导致数据无法找回时，就可从云端恢复数据，以此减少因信息丢失给企业带来的利益损害。

（2）方便企业文件的共享和团队间的合作。企业快盘中有“群组”协作机制，这能够代替企业中的 FTP、Windows 共享文件夹，以此解决文档集中存储后带来的安全管理问题。

（3）多终端文件同步访问，实现异地办公。在使用企业快盘的多平台客户端软件后，企业员工可以利用自己的智能手机、平板电脑、家用 PC 等多类终端实现对企业快盘个人存储空间的快速访问，同时还能够共享他人文件，以此实现异地办公和协同办公。

（4）安全特性保障敏感文件的安心存储。企业快盘提供了全方位的安全方案，涉及加密虚拟磁盘保护客户端数据，安全管控驱动防止数据逃离加密虚拟磁盘，数据可以利用碎片、压缩、加密并分散的存储形式确保云端数据的安全，以此按照用户访问授权进行访问控制。

当前企业快盘能够同金山公司的 WPS Office 实现整合，经 WPS Office 编辑之后的文件能够直接保存至云端，以此为企业提供从编辑到存储的全方位应用。

根据企业快盘还能够建立属于企业单位的私有云存储，在这种形式下，金山公司能够为企业提供快盘的 API 接口，以及企业现有的 OA 系统、安全管理系统等集成应用，以此为用户提供与企业应用相互联系的一体化云存储解决途径。

第二节　阿里云云计算发展实践

一、阿里云云计算发展基本情况

（一）阿里云概述

阿里云设计的电子商务云开放平台是以大规模数据存储与分析作为基础，致力于提供开放的软件和服务集市，构建全方位的云计算生态链，力求冲破国际优势企业的技术垄断，构建核心知识产权池，以此推动云计算生态链的构建。

阿里云的设计团队在自主研发的飞天大规模分布式操作系统基础上规划设计了电子商务云开放平台，以此为产业链中的合作伙伴与客户提供随时随地的服务。这个开放平台容纳了大规模、低成本、高可用率的计算与存储服务，引导开发者使用平台开发和发布面向第三方的软件与服务。电子商务云平台利用开放软件和服务市场，吸引上下游产业的发展，以此构建全新的云计算生态链。

（二）云服务模式

1. 在传统软件行业中的 PaaS 模式创新

软件产业在良好的产业发展背景下也迎来了新的发展机遇，软件和信息服务正在朝着网络化、平台化以及服务化方向前进。在互联网的软件开发模式、开发技术以及部署技术的飞速发展中，新技术和新需求也给新平台带来了新的发展前景，这对已经成型的主流平台是一次较大的冲击。尤其是以云计算为后台基础，将 IT 资源作为主要特点的新 IT 应用模式，将会构建新的产业格局。

阿里云能够为传统软件企业提供相应的基础设施，这也使得软件公司从销售软件授权到向销售服务转变的可能性大大增加，阿里云的弹性计算也会助力企业级 SaaS 应用提供商将应用放置在云平台，能够通过资源租用的形式支撑业务运转，以此快速建立其生产、销售、服务等各个环节紧密联系的全面服务体系。

2. IDC（Internet Data Center）产业的 IaaS 模式创新与具体方式

云计算的发展在一定意义上对传统产业的格局产生了影响，同时这为数据中心谋划了一种全新的商业模式，大多数 IDC 厂商也开始筹划向云计算模式进行转型。阿里云在整合传统 IDC 企业优势的前提下，同传统的 IDC 企业共同谋划云计算，这样可以帮助传统 IDC 企业通过租用云服务的形式，即 IaaS 模式，完成向云计算的转型。

阿里云优化了传统 IDC 企业过去粗放型的运营形式，企业不需要建立自己的数据中心，这极大地降低了业务开展的门槛，能够保证更多的资金有效投入到业务运营商手中，他们可以将更多的精力和资源放在发展自身业务中，以此提升自己的核心竞争力，扩大市场，而在市场需求出现变化时，能够更快地做出应对选择。

3. 整合电子商务数据资源

商业数据云是以电子商务业务的计算、共享平台作为基础的，主要提供安全的系统部署环境和关系型数据库服务，同时也能够充分利用淘宝的内部网络优势，快速抓取淘宝数据，实现与其他软件服务商共享数据，以此实现三方集成，同时将以国内最大电商平台——淘宝作为出发点，最终覆盖全部电商领域。

全类电商应用能够实现账号的互通互联，可以给商家带来流畅的商家后台流程；海量的淘宝数据能够实现实时推送，这为商家获取大量准确数据提供保障；资源的弹性较大，商家能够合理分配自己的资源投入；云端的安全机制，可以实现性能的自主优化，帮助商家获得较高的数据安全保障。

商业数据云是阿里云云计算在业务领域中 SaaS 模式的创新变革，商业数据云能够改善当前电商后台数据不准、实施难度大，多系统、多账号引发的流程混乱和管理失效等情况。

二、阿里云云计算产品和解决方案案例

（一）阿里云产品简介

阿里云计算开放平台由 aliyun.com 前端网站、云平台核心系统以及运营系统组成。这三个系统的结合实现了阿里云平台通过公共云平台的形式运营，能够以互联网的形式为用户提供服务。

1. aliyun.com

aliyun.com 作为阿里云开放平台的窗口，其主要由产品与服务、解决方案、开发者和市场组成。

产品与服务主要涉及大规模数据存储、规模在线数据分析、大规模离线数据分析、弹性计算、关系型数据库服务、云引擎、搜索、邮箱、地图等。产品与服务支持用户在线购买各类云服务，在网站上会对已经购买的云服务进行管理。

解决方案则是在产品与服务的基础上，根据行业客户的特点、业务需求等，选择整体方案的形式为客户提供解决服务。

开发者频道系统主要为云平台用户提供云计算学习文档、资料，获取 API、SDK 以及各类案例。同时将能够促进开发者相互交流的云能量沙龙、开发者大赛、开发者大会等活动作为线下的补充，以此促进开发者社区的发展。

云市场则主要是由第三方以阿里云平台为基础开发的应用组成，这些应用会被发布在阿里云市场中，能够为用户提供一站式服务。当前主要涉及电商行业、数据分析、游戏等方面的应用。在未来，将会有更多的合作商将各类行业应用投入到云市场中。

2. 云平台核心系统

云平台核心系统的底层是将阿里云具有自主知识产权的飞天分布式操

作系统作为基础。飞天云操作系统负责管理数据中心 Linux 集群的物理资源，控制分布式程序的运行，将下层故障恢复和数据冗余等细节隐藏，这能够极大地提升弹性计算和负载均衡的服务效率。该模块主要涉及的要素如图 6-3 所示。

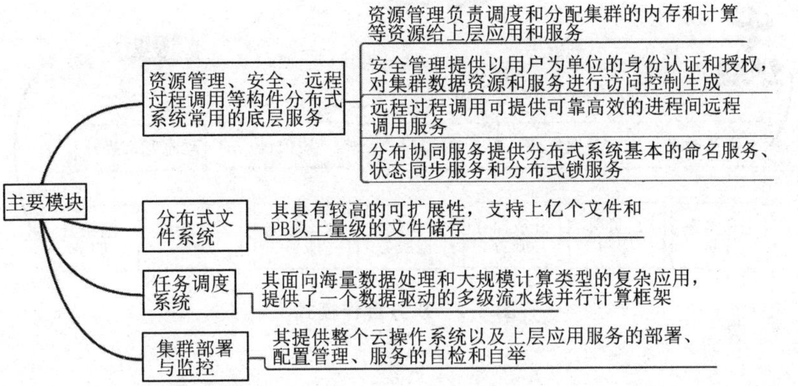

图 6-3　云平台核心系统的构成要素

3. 运营系统

运营系统是云开放平台中关键的构成要素，基本上所有的运营管理都由运管系统来完成。运营平台支持对包括开发者在内的所有云开放平台上的会员信息、账号信息、账单账户、应用发布、交易行为等进行管理。

（二）阿里云在传统软件行业领域的解决方案实例

2012 年 10 月，中软国际信息技术有限公司与阿里云签订战略合作协议，双方将共同致力于开发阿里云系统下的 PaaS 平台。中软国际将其具有自主知识产权的产品“Resource One”中间件作为 PaaS 层的一部分转移到阿里云的 PaaS 环境中，阿里云将会为中软国际提供所有可能使用到的基础设施、平台服务和技术支持，双方都可以将这项服务售卖给各自的潜在客户。

（三）阿里云在 IDC 产业的解决方案案例

阿里云同福建电信双方合作共建公有云数据中心。阿里云负责所有的服务器、ABTN 网络接入、部署飞天系统及上层云服务；福建电信则投入带宽资源、备案资质、IP 抵制、动态带宽提升等资源。在这个前提下，福建电信为其行业以及政企客户提供网站云及动漫云服务产品，具体如图6-4所示。

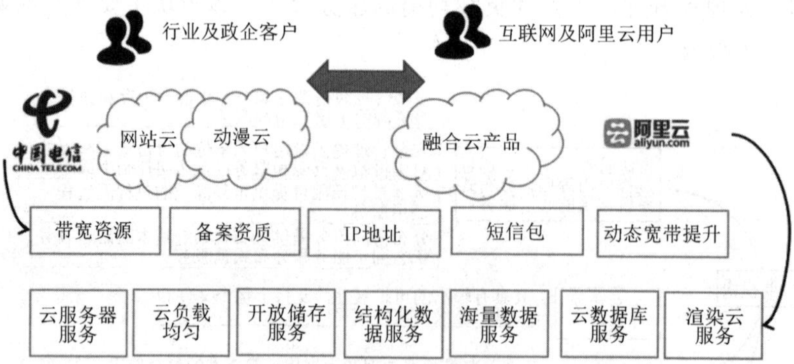

图 6-4　双方合作模式

第三节　中国联通云计算发展实践

一、中国联通云计算发展基本情况

（一）联通云简述

1. 针对企业客户的云桌面业务

联通云是通过瘦终端、云钥匙、移动终端或者浏览器替代传统的PC主机，利用远程访问协议和虚拟机以及物理服务器相关软件，将客户的计算机环境转移到虚拟化主机环境中，进而集中管理和维护的云产品。客户只需准备一个瘦云终端、鼠标、键盘等设备，这有利于降低客户的运营成本。云桌面示意如图6-5所示。

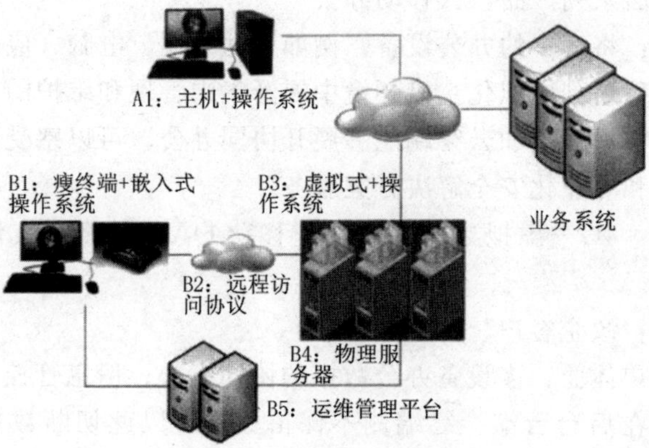

图 6-5　云桌面示意图

主要终端产品、用户终端模式以及主要的适用场景见表 6-1。

表 6-1　主要终端产品、用户终端模式及适用场景

主要终端产品	用户终端模式	适用场景
瘦终端	云硬件终端，显示器	企业内部办公，尤其是新增客户端的场景
云钥匙	U 盘，支持 USB 使用的计算机	移动办公，主要适用于对旧计算机潜力的挖掘
移动终端	iPad 等平板电脑	移动办公
浏览器	浏览器插件，使用 B/S 模式	移动办公，主要用于内部 PC 的改造

（1）云桌面系列产品：标准云桌面服务

业务内容：这是能够将客户的电脑环境转移到虚拟化主机环境中展开集中管理和维护的云产品。客户只需一个瘦云终端、鼠标、键盘等设备，以此降低客户的运营成本。

表现形式：虚拟桌面＋云终端

客户范围：营业厅、超市前台、加油点、分支机构以及与其相关的营业网点，例如银行、保险、证券、超市、便利店等。

特点及用户体验：维护操作简便，系统安装和维护升级都是利用后台云端集中管理的，终端桌面无须维护，这减轻了 IT 管理人员的业务压力；同时节能环保，终端的能耗低，噪音小，与国家要求的绿色减排政策相符；能够保证数据安全。

（2）云桌面系列产品：云移动办公

业务内容：将客户的办公设备，例如移动终端、电脑、应用程序等进行封装，将此移动到虚拟化主机环境中展开集中管理和维护的云产品。客户利用电脑、移动终端和云终端能够展开协同办公，可以感受到应用软件提供的及时性和专业化安全解决方案服务。

表现形式：4G＋虚拟桌面＋终端＋移动 OA＋异终端文件同步＋云存储

客户范围：政企客户、行业客户。

特点及用户体验：多设备办公数据的协同工作；信息管控良好，数据信息能够保存在后台云端，终端侧不保留数据，以此切断数据泄露的渠道，减少病毒攻击等；用户可以使用多操作系统环境，使用更丰富的应用软件，按照需要扩展用户的计算资源、存储空间和网络带宽；维护也较为简单，系统安装、维护升级都能利用后台云端进行集中管理。

（3）云桌面系列产品：云终端应用开发及发布

产品内容：为中小企业提供针对云终端应用的开发、测试以及发布环境，产品示意图如图 6-6 所示。

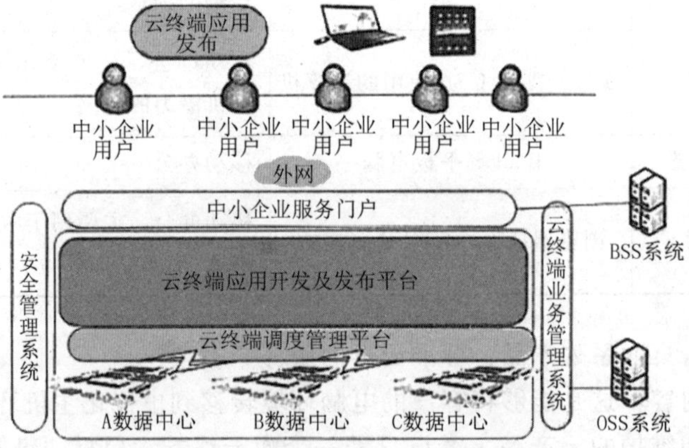

图 6-6　云终端应用开发及发布

客户对象：中小企业

特点及用户体验：在数据中心快速部署虚拟主机和数据库服务，构建编译环境；数据中心能够利用虚拟机展开规模化系统测试；对企业个人复制代码及数据的行为进行限制，保护企业的知识产权；提供更加多元的地域协同开发环境。

2. 针对中小企业的宽带商务业务

在行业客户群定位层面，主要以中小企业分布广泛同时在线应用空间较大的重点行业为主，将零售、快消、物流、教育、医疗等作为主要的目标客户群。

在服务定位层面，形成“基础通信产品＋IT 应用工具＋IT 应用”组合包。按照当前的标准应用，针对目标客户的行业分类，进行二次开发行业性或重点企业个性化应用。合作开发和推广新应用服务，将“组建行业价值链”“营销拓展”“客户挖掘和维系”“可对外开放的标准管理类”等应用作为开发和推广的主要方向。

在价值定位层面，例如可以通过以下方式实现企业价值：第一，应用租赁的直接租金收入；第二，培养中小企业客户忠诚度和黏性价值；第三，应用产品、IT 资源、运营经验等实现全国共享；第四，利用购销信息的交互、降低企业成本、商机的获取，创新营销服务和管理模式以实现客户价值。

在宽带商务的整合和改造层面，主要以 SaaS 服务模式为主，提供有关 IT 类、工具类、通信类的综合 SaaS 在线服务，以此强化个性化产品的上线速度和适配能力，同时降低运营成本，具体如表 6-2 所示。

表 6-2　宽带商务产品列表

分类	主要产品
通信类	网络传真、企业短信、3D 环视通、智灵专网、网络电话会议等
工具类	企业建站、企业邮箱、网络杀毒、安全专家、网络硬盘等
IT 类	办公自动化、SCM、CRM、HR、考勤管理等

（二）云计算发展思路

1. 云服务的总体框架

从云系统和云应用的角度直接对服务架构界面，底层云系统主要分为 IaaS 和 PaaS 两层。其中 IaaS 管理部分是以 OpenStack 为基础，承载于高速数据中心网络之上；PaaS 层则内含云存储服务、分布式数据服务及数据库服务。

按照云系统和云应用的架构图，可以组建出公司云服务的总体框架，如图 6-7 所示。

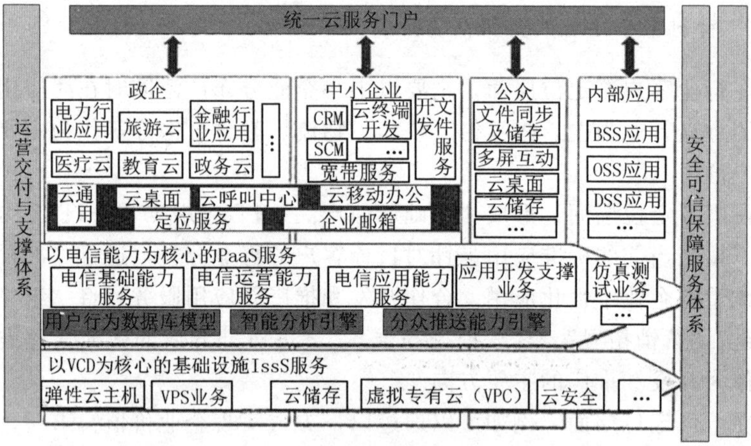

图 6-7 公司云服务体系架构

但因云计算服务框架中低层的服务是可以利用多租户能力提供共享的，因此，最好按照“云系统”和“云应用”对公司云计算业务体系进行规划，如图 6-8 所示。

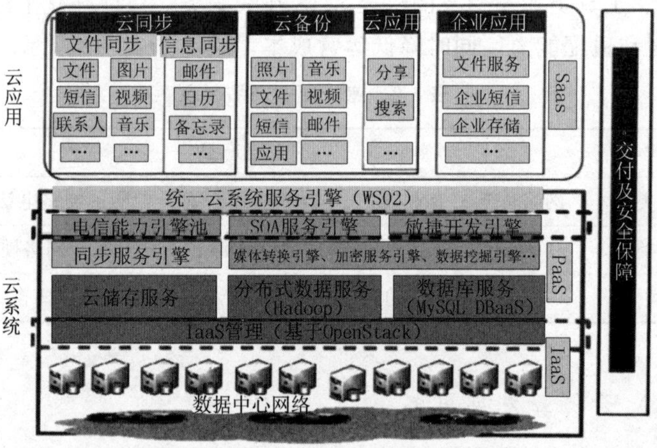

图 6-8 云系统与云应用

2. 电信能力开放业务

云计算的 PaaS 模式为电信能力的开放在技术和模式方面提供了新的发展路径，这对运营商而言具有十分重要的战略意义，其将成为未来产业链竞争中的核心部分。图 6-9 展示了电信能力开放引擎分类。

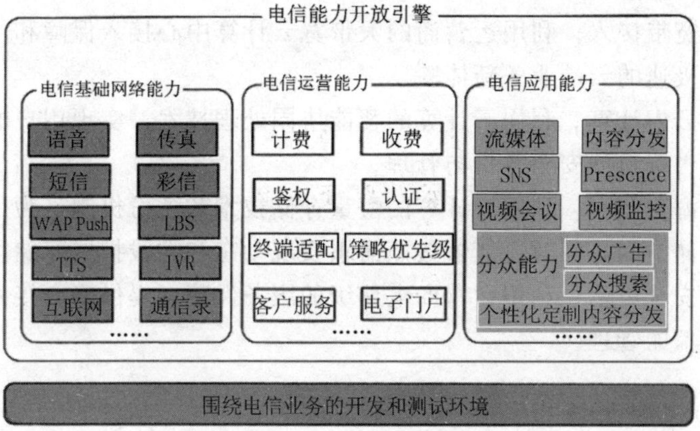

图 6-9 电信能力开放引擎

二、中国联通云计算产品和解决方案实例

（一）悦云业务

“悦云”可以实现将用户的信息和应用软件利用云端进行同步或实时转化，同时它还能够将用户在不同终端上使用的信息统一保存在云端，帮助用户在任何时间、任何地点的不同网络环境中使用多个终端和多信息应用，以此获得极致的服务体验。“悦云”业务在优化用户体验、提升用户黏性的同时，也能够刺激用户的带宽需求和移动数据流量的上升，以此实现固网和移动业务的有效融合。“悦云”系统的示意图如图 6-10 所示。

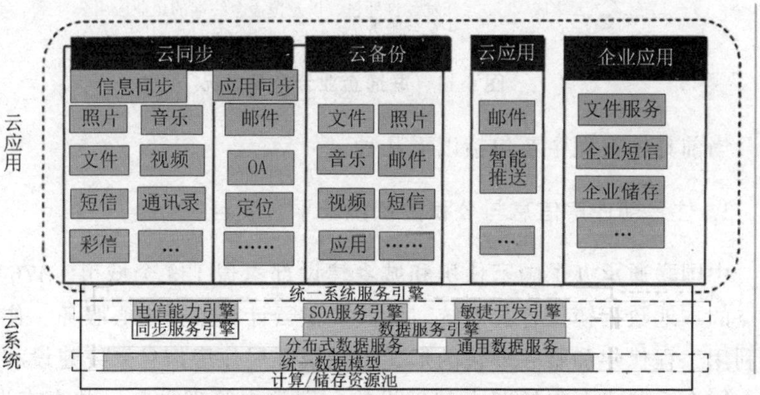

图 6-10 “悦云”系统示意图

悦云的优势主要体现在以下几个方面。

(1) 宽带接入。利用运营商的大带宽云计算中心接入保障和用户固定宽，实现极速的云端业务新体验。

(2) 云中计算。利用云计算的智能协同处理技术，实现用户的文件与信息同步、资料的安全备份与管理。

(3) 海量储存。利用云计算的海量存储技术和备份机制，为用户提供免费的存储空间，同时还能够按照需求实现动态和在线扩展存储空间。

(4) 安全可信。利用运营商电信级的服务保障，提供安全接入、文件加密和可信的管理。

(二)"智慧城市"企业云业务

中国联通当前正在以"智慧城市"为主题建设联通企业云服务平台，并因此推出了云主机、云存储、专享云、云孵化和云集成等多个云计算产品。联通企业云产品定义如图 6-11 所示。

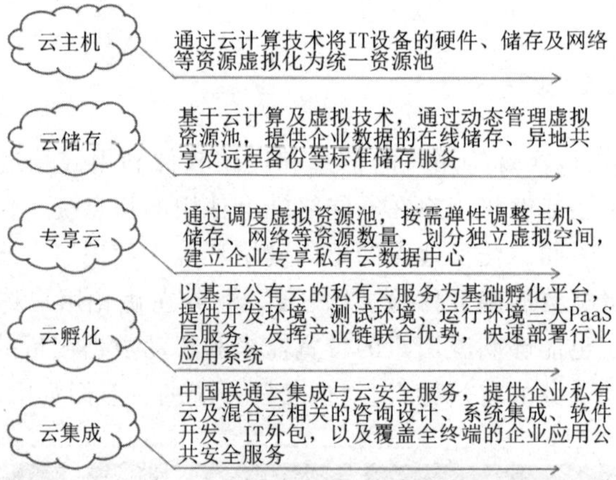

图 6-11　联通企业云产品概况

当前具体案例主要包括以下几种。

1. 住建部住房信息与公积金系统云平台项目

中国联通承办了国家住房和城乡建设部覆盖 169 个城市、476 个数据节点的本地数据镜像容灾系统，为其提供云计算数据中心服务。住建部主要利用工程代建和服务外包的形式，积极开展住房信息系统建设和运行工作。这个系统主要包括四大基础设施，即数据管理平台、共享查询平台、作业代理平台、统一服务门户；三大应用系统，即住房监测分析、住房公积金监督、住房保障监管；以及系统运行监控和安全管理中心。

项目特点：第一，具有云计算数据中心的主要特征；第二，针对大规模的分布式结构化数据进行切片管理；第三，根据大规模分布式数据进行查询分析计算；第四，能够实现大规模分布式监测分析和管理决策应用；第五，组建“云计算”服务平台模式下的基础设施。

2. 国税总局网络发票平台

中国联通承接了国家税务总局以云计算为基础建立的全国集中网络发票平台项目，构建应用服务平台，设计网票软件提供云计算平台即服务(PaaS)。

项目特点：第一，具有云计算数据中心的主要特征；第二，利用网络发票云计算平台，划分私有云虚拟 IT 系统；第三，开放标准，实行统一接口。

3. 中国红十字会信息化系统项目

中国红十字会信息化系统平台是中国红十字会着手构建的，该系统以捐赠款物管理、捐赠项目管理、信息发布为中心，致力于实现全国红十字会系统的信息管理一体化，以此实现募集和接受捐赠信息的不间断跟踪与监控。图 6-12 为我们展示了当前中国红十字会信息化系统平台。

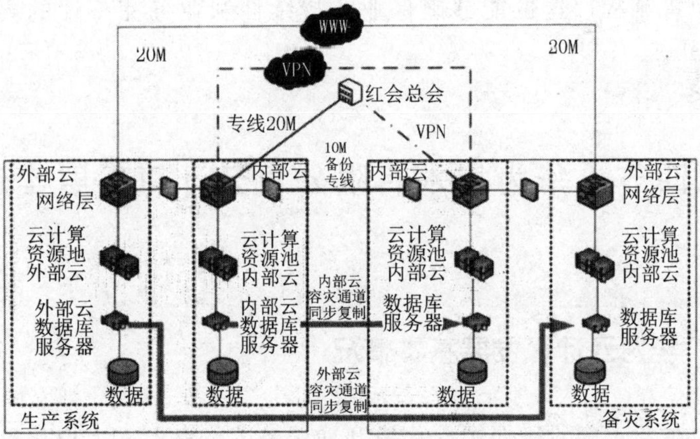

图 6-12 中国红十字会信息化系统平台

项目特点：第一，系统具有快速的在线扩容能力；第二，系统及信息的安全性能够得到增强；第三，系统以云平台为基础提供安全、运维服务。

（三）联通部分分公司云产品及应用案例介绍

1. 上海电子课件管理系统

上海联通以云平台为基础构建了“内容＋管理平台＋iPad客户端应用”电子课件管理系统。该平台会向每个教育机构提供一套能够运行于云平台的电子课件系统，校方可以利用管理平台进行课件上传。学生则可以利用iPad客户端登录，就能查看到自己可选修的课程，同时进行本地的学习。这个营销方案主要以MBA/EMBA国际学校等高等教育机构为主要销售对象。

2. 平安职场云灾备

中国平安作为上海联通的主要客户之一，其每天的电销营销保费收益较高，构建起职场灾备环境具有十分重要的作用。但是大规模的电销职场灾备对电销界而言并不是一个容易解决的问题。而平安职场云灾备将平安的灾备项目和中国联通的桌面云业务、呼叫中心的业务结合了起来，这在考虑到成本和安全性要求的基础上，可以帮助座席人员在灾备启动后，在家中实现便捷的云平台服务，之后再同平安公司内部的业务系统和CCOD平台相联系，在确保信息安全的同时，实现销售座席在职场环境中的操作方式和销售流程，这也能够确保业务持续性和业务完整性的要求得以实现。

第四节　华为技术有限公司云计算发展实践

一、华为云计算发展基本情况

华为在云计算的机遇中，积极开展服务器、存储、虚拟化以及各种IT应用的系列产品，同时以合作开发理念为依据，同Intel、IBM、Accenture、SAP、Microsoft等合作伙伴共同致力于提供覆盖全行业的IT解决方案。

根据Gartner发布的2018年第四季度的全球服务器市场报告，华为服务器收入在全球排名第三，同比增长率为45.9%，是全球服务器中收入增长最快的。华为计算解决方案，部署了全球最大规模的桌面云，还开创了上海市第一个医疗云、上海中学的第一个教育云，同时也在多个行业实现了规模销售。

华为 IT 产品主要设计存储、安全、云计算、数据中心解决方案四大领域，这能够为客户提供比较全面的以云计算为核心的 ICT 业务。同时，华为在云计算的应用和服务方面也在努力进行实践。早在 2011 年，华为就组建了云服务团队，构建了与亚马逊服务 AWS 类似的华为公有云 IaaS 服务平台。这个服务平台主要是为互联网公司和部分中小企业提供云化的计算、存储以及网络等一站式 ICT 基础设施的按需租用服务。

华为云服务利用浏览器的云管理平台，借助互联网线上的自主服务形式，为用户提供云计算 IT 基础设施服务。产品方面将着重进行基本计算、存储、安全产品；逐步开展增值服务；桌面云、混合云等。在未来，华为的云服务将会逐渐扩展互联的节点，构建统一开放的平台，实现生态优化运营，最终促进端云协同发展。

二、华为云计算产品和解决方案实例

（一）华为云计算解决方案概述

图 6-13 为我们简要勾勒了华为公司云计算解决方案的总体构架。

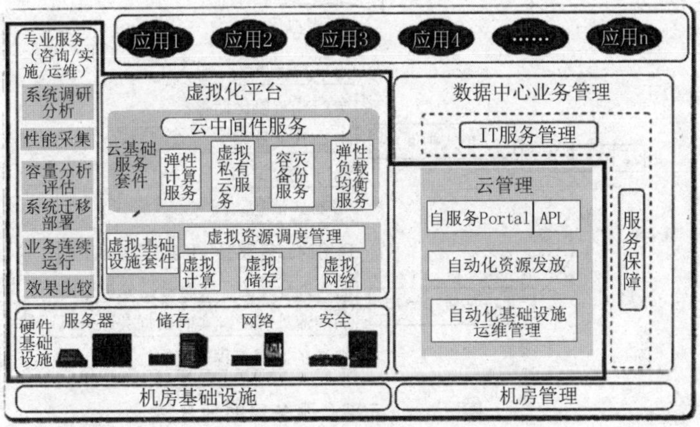

图 6-13 华为公司云计算解决方案总体构架

华为云计算解决方案架构分层和子系统划分主要包括以下几种。

1. 基础设施层

基础设施层即机房 L1 解决方案，涉及支撑保障数据中心 IT 设施高效运作的空调制冷、供电、监控、照明，以及一体化集成、一站式交付的集装箱式解决方案和模块化机柜解决方案。

2. 硬件资源层

硬件资源层包括全部能够支撑 IaaS 层服务抽象与服务提供的 IT 基础设施硬件，这其中涉及服务器、存储、数据中心交换机（包括柜顶，汇聚以及核心交换）、防火墙、VPN 网关路由器等网络安全设备。

3. 云平台服务层

华为的 Single CLOUD 解决方案中关键部件能够提供各类适用于不同软件的引用，其利用资源虚拟化和池化抽象与调度机制展开计算和存储，网络资源服务可以按照需要获得，其具有弹性伸缩、维护自动化以及面向分布式应用开发的软件中间件能力，这能够展示 IT 基础设施对云租户和云业务开发者的独特价值，能够实现企业、运营商业务流程和低成本高效运作。

云平台服务层可以划分为三个子层，如图 6-14 所示。

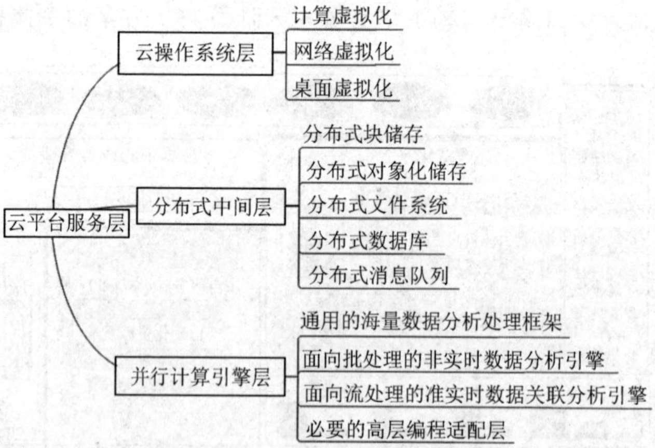

图 6-14　云平台服务层的划分

4. 云操作系统

云操作系统主要提供两个层次的服务。

第一层是以企业IT资源池管理维护人员以及“弹性业务应用”开发者和提供者为主的“基础设施服务层”，其运行的动力和线索是IT应用上线、系统部署、生命周期维护管理，这一层次会按照既定的策略提供可靠、安全增强服务；

第二层则是以企业私有云和公有云租户为重点，根据云计算资源展开业务开发与运营的第三方业务开发者/提供者的“云服务层”。这一层次能够根据不同租户实现区别QoS和安全级别的资源保障。

云操作系统与传统的单机操作系统的不同之处在于，云操作系统将系统的自动化资源调度和管理的范围更加扩大化，使其从一个机器扩充到一个集群，多个集群，最终实现多个跨地域的数据中心的范围群，但值得注意的是，系统的根本实质和服务对象却未发生改变。

（二）华为云计算融合架构一体机解决方案

华为融合架构一体机Fusion Cube是以华为的Cloud OS中虚拟计算、虚拟存储以及虚拟网络资源自动化动态管理与调度能力、一体化监控能力和资源发放部署能力为基础，针对IT基础设施层计算资源、存储资源、网络资源水平开展的一站式交付系统。图6-15展示了华为云计算融合架构一体机详解图。

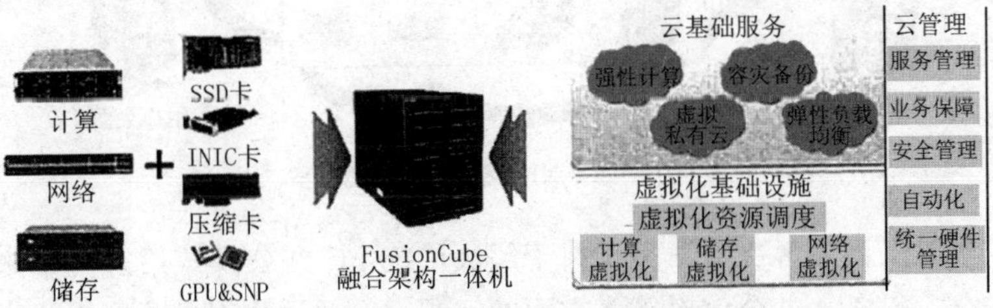

图6-15 华为云计算融合架构一体机

华为云计算融合架构一体机的特点主要表现在以下几点。

第一，部署快捷。能够实现预先安装、预先配置，还能够进行模块化选择，对企业典型应用进行预验证，可以有效减少部署时间，加快业务的部署速率；

第二，维护简单。其能够做到对物理资源、虚拟资源的统一管理，硬件也能够自动发现、自动配置，能够减少计算资源、存储资源、网络资源及虚拟化的基础配置，对系统管理人员的技能要求也更低；

第三，性能优异。华为云计算融合架构一体机的计算存储融合平台能够将存储资源更加贴近计算，能够大幅度提升应用的性能，丰富应用加速部件；

第四，开放合作。华为云计算融合架构一体机是一个包括硬件基础设施和虚拟化的开放平台，其能够支撑各类模块化部署，无须绑定应用，同时可以对某些典型应用提供调优，也能够被上层管理系统集成。

（三）华为桌面云解决方案

华为桌面云是一款以华为云平台为基础的虚拟桌面应用，其可以利用在云平台上定制华为桌面云软件，帮助终端用户利用瘦客户端或其他同网络有关的设备进行跨平台应用程序访问，图 6-16 展示了华为桌面云解决方案。

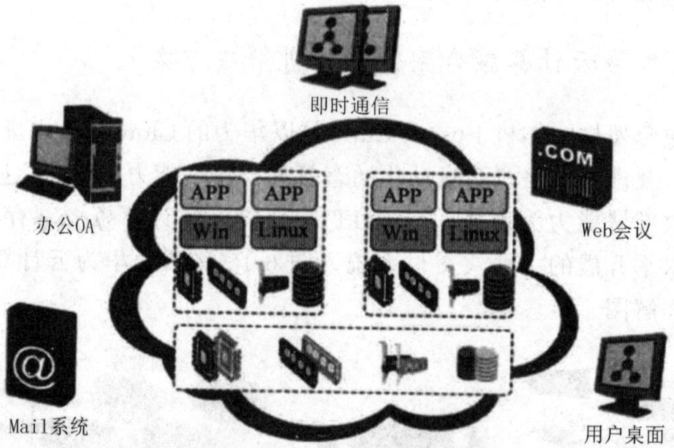

图 6-16　华为桌面云解决方案

华为桌面云解决方案关键在于解决传统 PC 办公模式给客户带来的例如安全、投资、办公效率等多方面的问题，主要适用对象是金融、大中型企事业单位、政府、学校、呼叫中心、营业厅等单位。

华为桌面云能够为用户带来以下积极影响。

（1）数据上传，信息更加安全。传统桌面环境中，因用户数据都保存在本地 PC 机中，内部泄密的途径多，同时容易受到各类网络攻击，会导致数据丢失。在桌面云环境中，终端和信息实现了分离，桌面和数据在后台能够进行集中的存储和处理，企业无须担心资产信息的泄露。

（2）应用上移，业务更可靠。在华为桌面云中，全部的业务和应用都将在数据中心进行处理，能够确保业务的持续性开展。

（3）高效维护，自动管控。华为桌面云系统在白天可以自动监控资源的负载情况，以此保证物理服务器的负载实现均衡运行；在夜间其可以按照虚拟机资源的占用情况，管理不再使用的物理机，以此减少能耗。

(4) 无缝切换，移动办公。在使用桌面云的过程中，用户可以利用不同的终端接入个人电脑，以此实现随时随地的办公。同时因数据和桌面都集中运行和保存在数据中心，用户可以在不切断应用运行的过程中实现办公地点的转换。

(四) 华为云计算解决方案应用实例

1. 上海闸北健康云

华为与上海闸北区卫生局联合，共同开发设计出全国第一个“闸北模式”健康云，以云计算技术促进居民健康档案的区域化信息共享。闸北“健康云”建设涉及医疗云、社区卫生云、区域公共卫生云和健康卫生云，以此实现双向转诊、电子病历以及虚拟桌面办公等多方应用。按照闸北卫生局信息中心统计的数据，在使用云计算技术后，总电能消耗相较于传统部署模式节约 47%，存储容量减少 40%，同时运行效率增加了 80%。

2. 上海中学教育桌面云

上海中学是较早开展教育云平台建设的学校之一。上海中学根据华为公司桌面云解决方案，对学校内的计算机教室、图书资料中心阅览室、教师办公室等场景进行了桌面云化，在云计算平台进行教育应用的开发建设，能够有效提升效率，缩减维护成本，降低能耗，以此使学校变得更加绿色与智慧。

3. 非盟国际会议中心桌面云

非盟会议中心也具有较高规格的会议要求：安全需求高，对数据安全基本要求高；能耗低，需要噪音小的办公环境；高效运转需求。华为桌面云平台能够在端和端的安全管控之间实现与原有的 IT 系统的无缝衔接，以此满足了非盟的实际运转需求。

第七章　大数据时代云计算与智慧城市的实践运用

随着科技的不断发展，人类社会已经进入了大数据时代，在这个时代背景下，云计算可以说已经渗透到了各个领域，并且发挥的作用也越来越重要。本章节我们针对云计算在智慧城市的实践运用，从智慧教育、智慧政务、智慧医疗、智慧旅游几个角度对云计算的应用和发展进行探究。

第一节　云计算与智慧教育的实践运用

一、云计算在教育领域应用的优势

（一）教育资源的优化整合

云计算是新一代的计算模式，可以为用户提供具有动态性的资源池，同时还具有虚拟化和高可用性的特点。使用云计算的用户，可以享受到“按需计算”的服务。

当前，我国对教育的重视程度越来越高，教育也正向着信息化的趋势发展，利用科技手段搭建教育信息平台势在必行。其中，云计算在这个过程中扮演了重要的角色，教育资源优化整合的优势具体体现在以下几个方面。

（1）云计算能够充分挖掘教育的潜力，将各种教育信息和资源整合在一起。通过云计算技术，可以将不同地域和地区的学校或者教学园区的软件资源、硬件资源等整合在一起，这不仅可以提高资源的利用效率，还能使资源被重复利用，在一定程度上减少了资源的闲置和浪费。

（2）学校或者教育机构如果使用依托云计算的教育平台或者校园平

台，那么其各个校区或者学院的数据都能在同一个标准下实现统一的管理和维护。

（3）利用云计算平台，无论是各学校还是各学院，只要使用的是同一个局域网，那么各个系统的数据或者其他动态都能够实现互通互用，信息孤岛的现象就可以被完全避免，信息可以在最大范围内被共享。

（4）利用服务器虚拟化技术，可以将各种资源进行虚拟化处理从而可以形成一个或者多个资源池，通过平台管理系统可以将这些资源进行智能化和自动化的管理和分配。

（二）移动私有云的业务流程需求

图 7-1 所示是教育云平台的框架，通过这个框架我们可以知道，教育云平台是为资源最终使用者提供数据和应用服务的，它通过多层的自助服务门户得以实现。用户通过登录云平台的自助门户，可以浏览教育信息和资源，如果遇到自己需要的，就可以申请并根据自己的需要下载或者重新整合。平台的开发商和教育资源的提供者通过登录云平台的自助门户，可以为平台补充新的资源，在平台上上传教育资源或者应用软件。云服务平台的管理者通过登录云平台的自助门户，可以对平台内的用户、资源、收费等事务进行统一的管理。

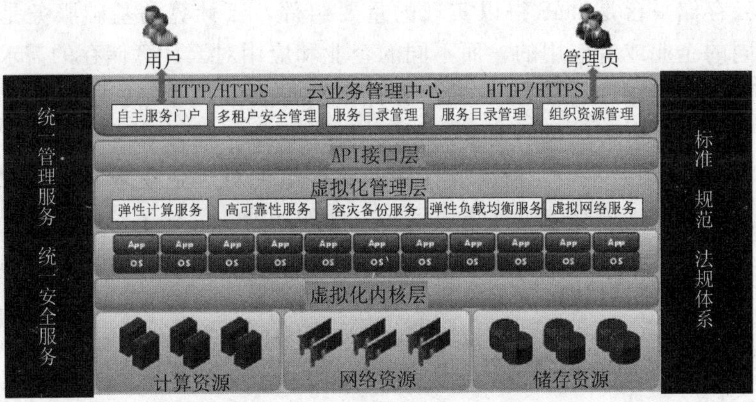

图 7-1　教育云平台的框架图

由此可知，通过不同的自助门户，多方可以共同使用教育云平台，这个业务流程和框架是有利于教育资源的利用的。

二、基于云计算服务的“智慧校园平台”

（一）“智慧校园平台”的云计算组件

大多数企业或者学校在构建云计算方案时，一般会选择私有云方案，倾向于 IaaS，IaaS 的主要组成部分有以下几种。

1. 云计算平台

当前，企业的计算环境大多数是 x86 平台，“智慧校园云平台”能够做到计算资源的整合利用和调整迁移，就是通过服务器的虚拟化技术实现的。

“智慧校园云平台”的服务器是 FlexServer，因服务器超高的性能、灵活的配置和独特的设计模式，能够满足数据中心不断扩张的动态需要，能够为“智慧校园云平台”提供一种很好的解决方案。iLO 管理引擎是适配 FlexServer 服务器的引擎，具有嵌入型管理特性，从产品的初步部署到上线运用，再到服务警报等都可以为服务器提供全程的支持。

2. 云存储平台

云存储平台是 IaaS 得以实现的重要组件，云计算的基础服务是提供给不同的企业或者应用的，而不同的企业和应用对云计算储存的需求也不尽相同。“智慧校园云平台”的云存储平台也是虚拟存储，能够对存储进行整合，存量也可以灵活地掌握和控制。

“智慧校园云平台”解决方案中的储存组件对于企业来说是非常划算和优惠的，并且该存储组件集成了多方面的功能，简化了对所有位置的集中管理，如果企业环境有各种虚拟的服务器和客户端、数据库和应用程序，选择这种云计算解决方案是非常理想的。

3. 虚拟化网络基础平台

随着虚拟化技术的不断发展，云计算环境在部署时会部署大规模的虚拟机，这在一定程度上给传统的网络架构带来很多问题和挑战，比如大二层网络部署、流量突发与拥塞等。

图 7-2 所示为“智慧校园云平台”虚拟化网络基础平台的框架图，从框架图我们看出这个解决方案是经过产品和技术的创新之后，运营和维护的管理被大大简化了，网络基础平台也足够支撑云计算的虚拟环境。

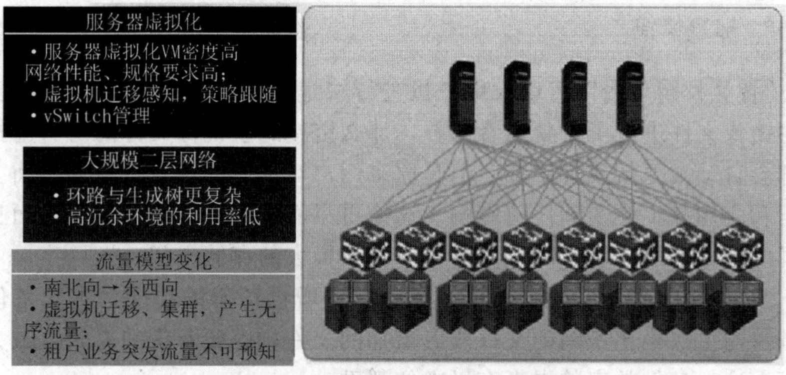

图 7-2　虚拟化网络基础平台框架图

4. 云管理平台

“智慧校园云平台”的云管理平台由 CVK、CVM、CIC 三个组件构成，分为五个层次，如图 7-3 所示：

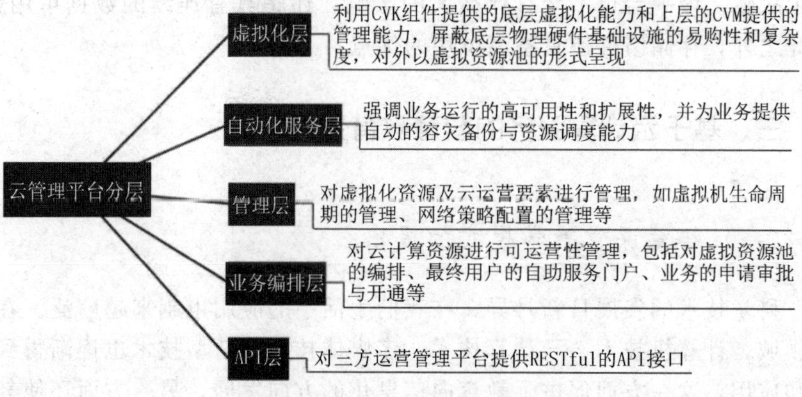

图 7-3　云管理平台分层

(二)“智慧校园平台”中云计算的特点

1. 操作简便

“智慧校园平台”的管理控制台是在 B/S 架构的基础上搭建的，因此，IT 环境的组织和部署都非常的简单快捷，除此之外，它还对 IT 环境中重要的关键性组件（如 CPU、内存、磁盘、网络等）的性能进行全面监控，能为管理员提供详细的数据说明，以便管理员能更好地实施管理。

2. 部署快捷

“智慧校园平台”可以对虚拟机进行快速的复制和克隆，如果管理员对主镜像文件进行了更新或者修补，那么链接到主镜像文件的所有虚拟桌面都会自动被更新或者修补，但是原来用户对桌面的设置、原来桌面上的数据和应用都不会受到任何影响。这使得桌面的管理简捷了很多，而且缩短了虚拟桌面的部署时间，同时也节约了极大的存储空间。

“智慧校园平台”的虚拟机系统还具备增量备份的功能，本次备份只会备份与上次相比不同的文件或者增加的文件，因此备份的时间也被大大缩短，这对备份效率的提高有极大的帮助。

3. 存储组件的可用性和灾难恢复能力比较强

基于云计算解决方案的“智慧校园平台”，其存储组件可跨存储节点分割和保护多份数据副本，而且 SAN 中的单点故障也能被很好地解决掉。也就是说，如果突然发生了停电故障、断网故障或者磁盘和控制器出现了故障，该平台也不会有什么大的影响，还是具有连续的数据可用性。除此之外，存储组件还具备高可用的优点。

三、基于云计算服务的智慧教育系统

（一）智慧课堂教学模式的提出

科学技术的发展日新月异，在我们生活中的应用也越来越广泛。在教育领域，计算机技术、云计算技术、多媒体技术等新型技术也逐渐得到推广和应用，这一方面促进了教育向信息化的方向发展，另一方面还使教师的教学方式和学生的学习方式发生了巨大的变化。随着这些变化的产生，智慧教育的模式被提出并应用。我们从《素质教育云平台》规划中可以看出，目前智慧教育主要追求将“云计算”和“智慧教育理念”相结合，打造三网合一的智慧教育云平台，为教育的开展提供更加优质的服务。

智慧课堂教学模式的提出，意味着基于云计算服务的教育平台将会应用于教育，这会打破传统的教育教学方式，对教学活动进行革新，这其实对所有人都有一定的好处。

对于学生来说，如果通过智慧教育云平台进行学习，智慧教育课堂将是一个可以及时与教师进行互动、同学之间可以协同学习的课堂，学生在一个全新的空间中进行学习，可以提高学生的自助探究能力，能够引导和促进学生主动进行自主学习，解决学习中的问题和困惑。而且基于云计算搭建的教育学习平台，不要求学生一味地学习，在学生完成学习任务之余还会为学生制定一些合理的娱乐计划，让学生在快乐中学习，做到劳逸结合。另外，智慧教育云平台还会为学生提供与其他同学交流的窗口，能够促进学生之间的友好沟通，使学生加强交流，建立友谊，解决生活上的问题和困惑。

对于教师来说，智慧教育云平台可以为教师提供更多更丰富的教学资源和其他技术服务，因此教师能够更加合理地设计和规划教学活动，给学生提供更优质的课堂。除此之外，教师通过智慧教育云平台能够把握学生的学习动态，学生具体的学习情况可以作为教师适当调整教学活动的依据，使教学的针对性更强，能够使课堂教学更加高效。

对于家长来说，智慧教育云平台可以为家长反馈学生的真实学习状况，学生的优点和不足都能够被家长清晰地了解，家长可根据反馈信息对孩子的弱势科目进行针对性的补习，对学生的其他不足进行针对性的培养。另外，家长还可以在智慧教育云平台上与其他学生家长建立良好沟通，通过互相交流，改善自身教育孩子的方法。

对于学校来说，如果智慧教育云平台对于辅助教学能够产生积极的作用，节省教师的时间，那么学校就有更多的时间进行课程研究和教学研究，这对于提升学校的教学水平有很大的帮助。

（二）智慧教育的功能构成

基于云计算服务的智慧教育系统包含了许多子平台，如课程中心、上课中心、学生门户、教师门户等，为学生构建了网络社交型的学习平台，能够实现学生的在线学习。

1. 课程中心

课程中心能够对各个学校各年级的课程进行集中的管理和展示，以便学生能够按照自身的情况选择所需要的项目。

课程中心是教育内容的宝库，通过云计算技术可以把各种教育资源整合到智慧教育平台，这能够使教育资源通过网络迅速传播，从而充分发挥其价值。课程中心设计的初衷是为了使管理者对各种课程资源进行灵活的管理，其功能架构如图 7-4 所示：

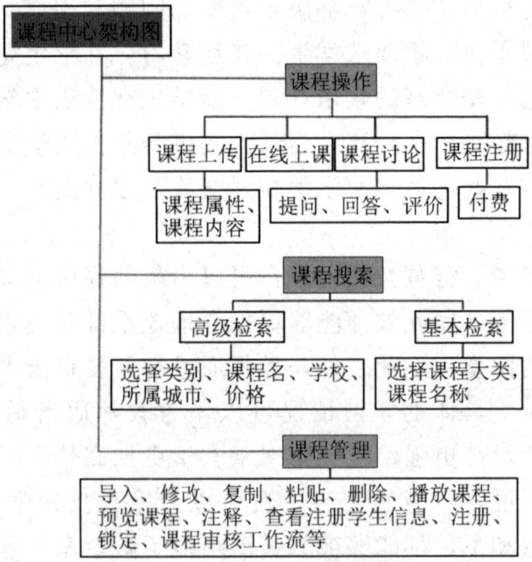

图 7-4　课程中心的功能架构

在课程中心门户，教学课件、教学案例等各种教学资源都是通过SCORM的形式展示出来的，这能使学生的学习感受得到快速的提升；在课程中心中管理员对所有的课程进行合理的分类，以便学生可以通过搜索引擎快速地找到自己需要的资料和内容；学生通过课程中心还能看到授课教师的信息，在注册使用相关课程之后还能够对课程进行评价；平台的管理员可以对课程中心的所有课程进行批量的管理，也可以通过一些辅助工具对优质课程进行推荐和推广。这些都极大地方便了学生的学习。

课程中心的管理是基于云平台的管理系统，管理功能不仅对文本文件有效，也能对图片、图像、视频、Flash动画、声像流等进行管理。其功能主要包括以下几个方面。

（1）导入。平台管理员或者老师将课程或者课程的不同课时都传入到平台上，以供大家使用。

（2）修改。上传到平台的课程如果需要更新或者发现问题需要更正的，教师或者平台管理员可以对课程、课件等内容进行修改或者更新。

（3）播放课程。用户可以在线播放，观看课程内容。

（4）删除。对于平台上已经上传的课程内容，管理员可以删除整个课程或者删除其中一个或者几个课时，而老师只能删除自己上传的内容。

（5）审核。对老师上传的课程内容，平台会按照一定的流程进行审核，如果内容符合要求就会被审核通过，只有通过审核的课程才会被上传到平台去。

（6）锁定。老师将自己的课程上传之后，可以进行锁定操作，这就防止了其他老师对自己的课程进行修改。

云平台中课程中心对课程的分类如图 7-5 所示。

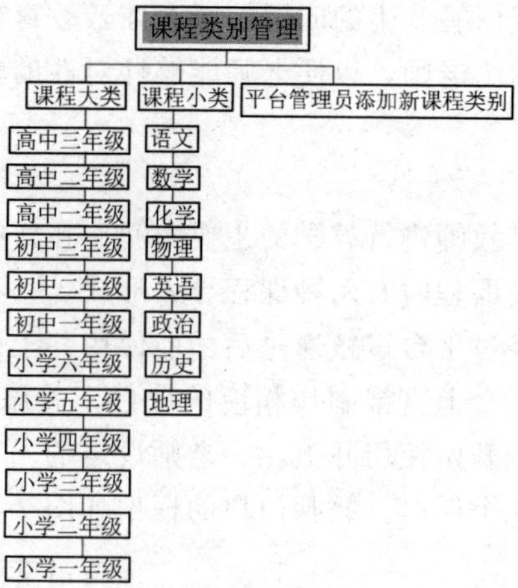

图 7-5　课程分类

课程分类也是由云平台统一管理的，这种分类对于课程的归类和检索来说非常合理。它不仅为教师上传课程提供了方便，而且学生在寻找自己需要的课程时也非常的便捷。

2. 上课中心

上课中心相当于学生学习的课堂，是云平台中学生正式的学习平台。在上课平台中，学生可以听老师讲的课程，能够做题，能够问老师问题，还可以把平台上的课程下载下来重复使用。另外，学生如果对课程有什么建议或者问题，平台还能反馈给老师，老师也能通过平台了解学生的上课情况。

学生如果找到了自己想上的课程，必须先注册课程然后支付一定的费用才能上课。具体流程如图 7-6 所示。

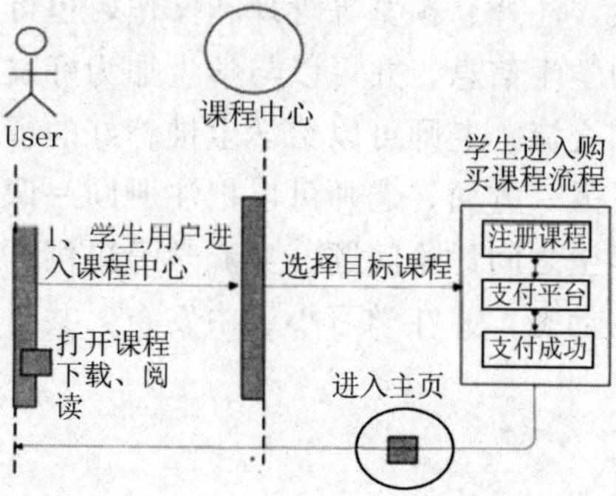

图 7-6　上课中心流程

老师在上课平台中也可以对课程进行修改、复制、粘贴、下载、评论等，对课件有些需要解释的地方也可以添加注解，如果有学生提出了疑问，老师可以在线回答学生的问题。所有在云教育平台注册课程的学生情况，平台也会反馈给老师，以便老师能够针对性的辅导学生。

3. 教师门户

教师门户就是教师进行教学的主要空间。在教师门户，教师可以开设相应的课程。开设课程时有两种课程导入形式，一种是教师自己上传课程内容，但是必须经过平台审核通过后才能使用并上课，另外一种是平台管理员帮助老师在平台上直接制作相应的课件，并添加需要的视频和语言，制作完成后就可以开始使用并上课。老师设定的一个课程不用一次性全部讲完，可以分为几个课时。教师门户的框架如图 7-7 所示。

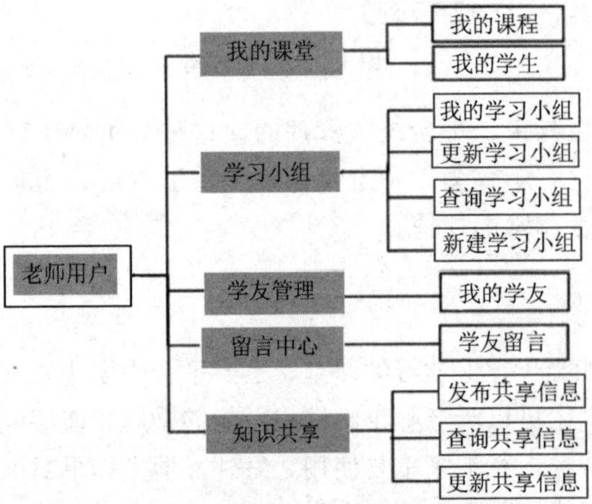

图 7-7 教师门户框架

除了基本的授课教学外，老师们在教师门户中还可以对自己制作或者上传的课程进行修改、注释、预览等管理和操作，也可以在教师门户看到所有注册自己课程的学生信息，并可以与学生加为好友。这一方面方便了学生与老师的沟通和交流，老师可以给学生推荐好的视频或者书籍，维护师生间的良好关系；另一方面，老师可以把注册同一课程的所有学生建成一个学习小组，为学生之间讨论问题、交流学习提供方便，同时老师也能随时查看学习小组的动态，并在学习小组中发布、共享一些信息，随时与小组成员进行交流。

4. 学生门户

学生门户就是学生学习的主要空间，这个空间为学生自主学习、合作学习等提供了方便、灵活和具有个性化的环境。学生通过云教育平台学习，一方面可以培养学生利用现代信息技术学习的能力和习惯，这在一定程度上提高了学生学习的质量和效率；另一方面，通过网络平台自主学习也能提高学生提出问题、探究问题以及解决问题的能力。

学生在云教育平台注册课程之后，可以查看授课老师的信息并进行上课学习，还能和老师加为好友加强与老师的沟通，此外，学生还可以进入老师构建的学习小组，与一起学习课程的同学们探讨交流学习问题，同学之间还有可能交到好朋友。

学生门户的框架如图 7-8 所示。

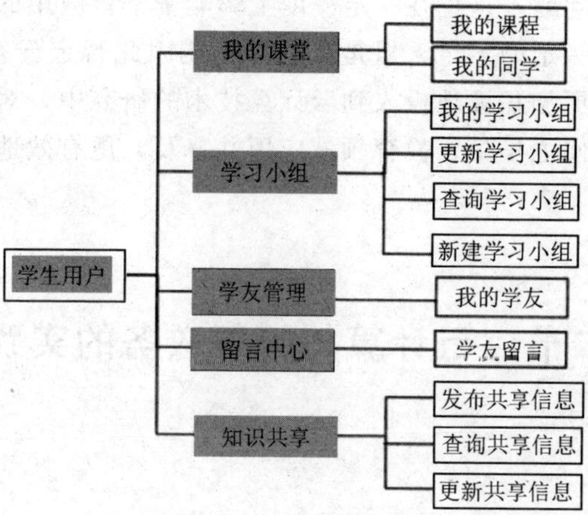

图 7-8　学生门户框架

在学生门户中，只要注册缴费了的课程就会在“我的课堂”中显示，学生点击“上课”后就可以看到整个课时，他们可以根据自己的需要和时间安排进行课程的学习。除了上课外，学生还能与老师交流，问老师问题等。除此之外，学生还可以给自己的老师或者同学在平台上分享自己认为好的视频或者书籍，与他们共享信息并维持良好的关系。

除了上述的子平台外，智慧教育系统还有很多其他的子平台，如学校机构门户、同步学堂等，都不同程度地方便了学生的学习。

（三）智慧教育平台的不足

基于云计算的智慧教育平台的确能为教学活动和学习活动提供很多便

利，有利于提升教学的质量，但是从总体上来看，该平台还是有一些需要继续发展和完善的不足之处，具体表现在以下几个方面。

（1）教学资源的共享在实际操作中是有困难的。从技术层面来讲，借助云计算技术确实能够将所有的教学资源统一整合到云教育平台，实现资源的共享，但是在实际操作的过程中，由于云计算的水平还没有达到顶端，因此往云平台导入教育资源的过程中难免会出现各种难以解决的问题，因此教育资源整合的实际效果并没有达到我们预想的目标，这在一定程度上影响了资源共享的效果。

（2）网络环境下的互动性缺少相应的监管机制。云计算教育平台能给学生之间、学生与教师之间、家长之间等提供互动的窗口，为互动、沟通和交流提供很大的方便，这是云教育平台的一大特色，但是，目前也缺少一套健全完善的监督机制对互动进行监控，这可能会出现沟通不顺、平台不兼容等一些问题，这也在一定程度上影响了平台应用的使用效果。

虽然存在一定的不足，但是我们并不能因此否定云教育平台的优势。当前，我们要更加积极地投入到云计算技术的研究中，对云教育平台进行完善和创新，使之早日在教育领域应用并普及，更有效地为教师教学和学生学习服务。

第二节　云计算与智慧政务的实践运用

一、智慧政务的相关理论

电子政务是利用计算机和互联网技术进行政府政务处理的运作模式。其特征主要体现在以下三个方面。

（1）电子政务系统包含了软件、硬件等，是一个 IT 技术的集成系统。在这个集成系统中，软件包含了政府业务所需的应用系统、数据库、用户管理系统等；硬件主要是 IT 设备、外部接入网络和内部数据交换网络等。

（2）电子政务不但能够处理政府部门内部的一些事务，各个政府部门之间的协调以及其他事务也能够通过电子政务系统得到解决，可以说电子政务也是一套协作系统。

（3）电子政务系统可以促进政府业务的重组和再造，在处理政务时可以在一定程度上打破时间和空间的限制，为社会和人们提供更加优质、全面、规范的管理和服务。

电子政务发展到高级阶段就是智慧政务。智慧政务依托云计算、互联网、大数据、AI、知识管理等现代科学技术，为政府办公、监管、服务和决策提供智能化服务，使政府的政务能够更加高效和便捷。

与传统的电子政务相比，智慧政务有服务更自助、反应更快速的特点。被使用最多的智慧政务系统有两种类型，一种是网上办事为民服务，一种是智能办公内部应用。基于云服务的智慧政务网上办事系统，能够对人民需要的服务做出一定的预测，为人民提供场景化服务，以及为人们办事提供一定的引导服务。基于云服务、AI、互联网等技术手段的智慧政务智能办公系统，可以对传统的OA办公系统进行改造，使政府工作人员在办公时能够更加快捷和方便，甚至还能为工作人员提供提醒服务和引导服务，也有利于满足工作人员移动办公的需求。智慧办公系统也充当了政府的数据库，为工作人员查询政策法规和办事流程提供了极大的方便。

二、云计算环境下智慧政务项目的发展

传统的电子政务中，公安、税务、司法等各级政府组织在搭建政务平台时都需要单独的购买服务器、储存器、交换机等软件和硬件资源进行独立部署，这虽然在一定程度上能够满足本单位的业务需求，但是建成的各个平台之间是没有联系的，资源和动态信息都不能得到及时的共享，这就很容易形成“政务孤岛”的情况。除此之外，这些独立部署的平台需要有专门的人员进行维护与管理，但是各个级别的组织又没有一个统一的管理标准和规划，这不仅是一种人员资源的浪费，也导致不同的服务平台服务水平不一、质量没有保障，同时，运维的成本也处于居高不下的状态。

智慧政务与传统电子政务系统相比有明显的优势，具体如图7-9所示。

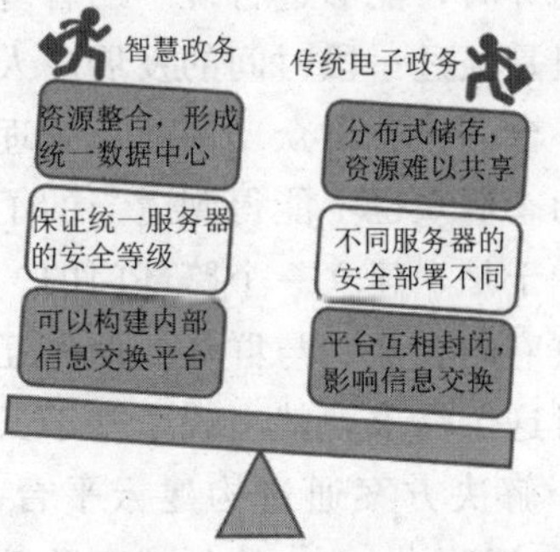

图7-9　智慧政务与传统电子政务对比

因为这些弊端的存在，基于云计算的智慧政务项目开始实施，其发展经历的过程及规划如图 7-10 所示。

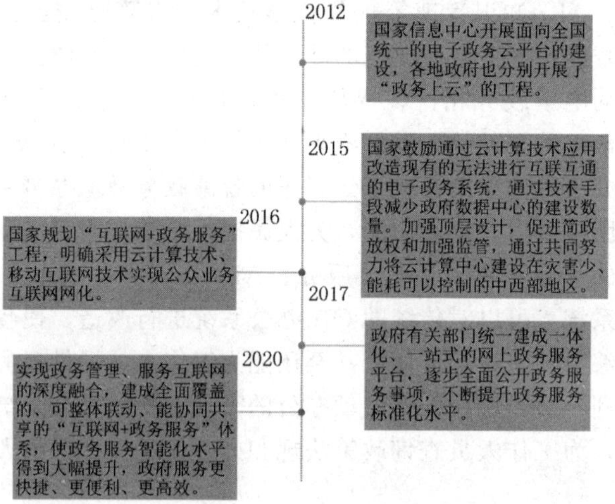

图 7-10　智慧政务的发展及规划

三、基于云服务的智慧政务的实践

近年来，各地政府都十分重视行政服务，纷纷建立起智慧政务平台，这里我们以湖州公安局网上办事系统为例，对智慧政务的实践进行具体的了解。

（一）智慧政务系统总体框架

起初，湖州市公安局建立了多个具有行政服务功能的政务平台，力求在企业和群众在办理业务时，能够进行统一的管理、收费和办理，推进了服务型政府的建设。但是经过一段时间的发展，人们发现网络办事大厅是缺少集中的网络服务平台的，有群众反馈政务处理效率低下，审批事项不够快捷，政府的工作动态群众也不能得到适当的了解，政府领导也不能及时地了解和掌握民意。于是，建立一个跨部门的、综合的业务应用必不可少，只有这样才能使政府与企业、与群众的信息互通，才能为群众提供一站式的一流服务。针对这个需求，就出现了基于云计算技术和移动互联网技术的解决方案，这个解决方案通过构建云平台，实现政务系统的平台化、智能化、个性化和流程化，从而在一定程度上促进信息化建设的发展。

湖州市公安局部署的这套多方位的智能政务解决方案包括公安云计算平台、网上办事大厅系统、警民互动民意分析系统、统一公安门户网站群系统、公安微博内容管理系统、移动应用、统一用户身份认真系统等几个部分。这套基于云计算的公安云平台分别从四个层面进行信息化建设（如图 7-11），分别是数据采集和发布、云平台、内外网交换和应用。

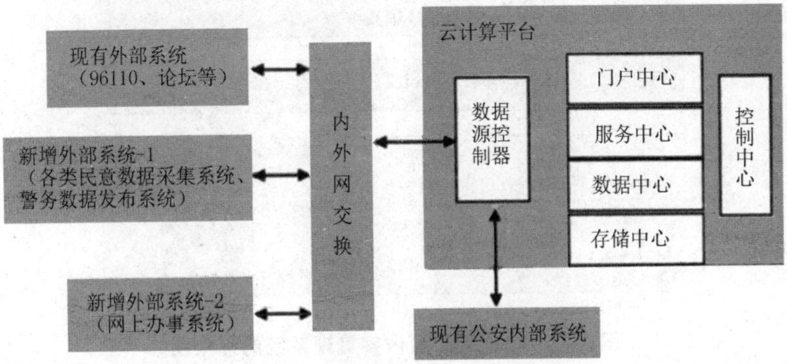

图 7-11　系统总体结构

湖州市公安局的整个解决方案系统的功能如图 7-12 所示：

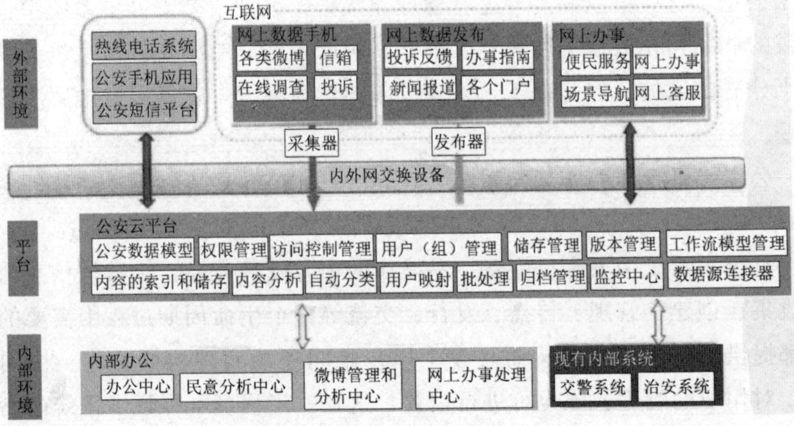

图 7-12　系统功能图

（二）公安云平台

湖州公安局收集民意主要是通过微博、民众投诉电话、微信投诉、民警走访等渠道，数据类型不仅多样而且十分复杂，能够通过网上办理的各种事项也多达 140 多种类型，结构也特别繁杂。但是公安云平台就是公安内部管理的统一系统，主要作用是管理公安内部庞大的数据，进行视频、图像等的数据处理、发布内容，能够与其他政府部门相互协作。

公安云平台内容管理系统的框架图如图 7-13 所示。

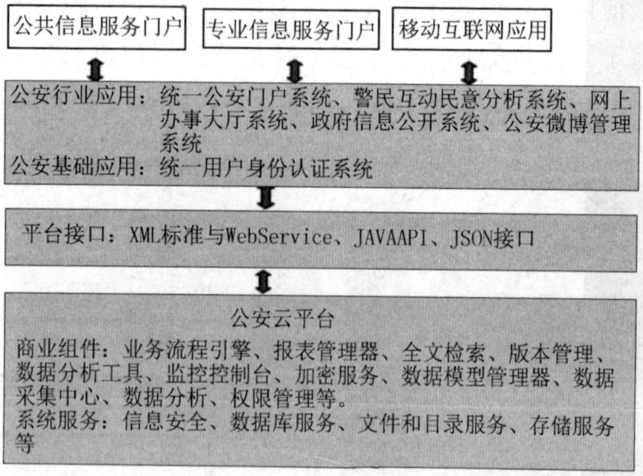

图 7-13　公安云平台内容管理系统的框架图

公安云平台的管理系统是基于云计算服务的，它能够提供多种技术组件以提供更为整体全面的信息服务能力。公安系统内有海量的没有结构的数据信息，这些信息都需要进行管理和维护，另外，公安办事系统中也有大量的非结构化数据进行流转。因此，对庞大的非结构化的信息进行管理是十分有难度的。但是基于云计算服务的管理系统，就能很好地解决这个难题。

公安云平台能够实现跨系统（Windows、Linux 等）、跨数据库（Oracle、MySQL、IBM DB2 等）、跨服务器（Weblogic、WebSphere 等）操作，是公安系统中安全、完备、易操作的内容管理产品，为数据信息内容的收集、创建、管理、传播、发行、交流等整个生命周期过程中需要的功能都提供了相应的服务。而且多个用户之间还能实现协同工作、协同信息，对用户的管理权限也可进行设置，这在一定程度上保证了系统的高可用性。另外，公安云平台的界面十分友好，流程定制和权限管理安排也非常合理，这提高了产品的易用性。该平台还留有与其他应用连接的扩展功能接口，便于日后平台的扩展，使平台管理架构更加开放。

（三）警民互动民意分析系统

政府与群众之间的互动服务已经成为衡量政府绩效的重要指标，随着用户需求的不断转变，简单的留言、评论功能已经不能满足公安系统与群众之间的交流和沟通，民众与政府的沟通上升到了建言献策、咨询、投诉、举报等高度，于是在湖州市公安局网站平台上开放一个交流平台不可缺少，并且这个交流平台还要能够实现群众提交，政府进行受理、处理、反馈的互动性和针对性都相对较强的服务功能。

警民互动民意分析系统的框架如图 7-14 所示。

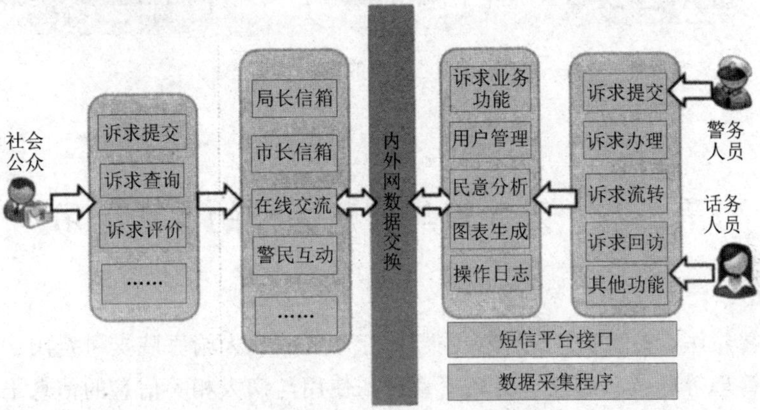

图 7-14　警民互动民意分析系统的框架图

群众的诉求录入的途径有很多：如民警走访、群众上网录入、市长热线、市长信息、厅局长信箱、公安信访办公室、局长在线交流、微博、微信、论坛等。接受了各个平台的群众诉求之后，经过内外网数据的交换和整合，对来自各个渠道的海量数据进行民意分析之后，能够产生代表舆论导向的各种图表，这些图表能够帮助政府工作人员或者决策者了解和掌握群众的活动动态和社会需求，从而有助于决策者有针对性的安排下一步的工作，这大大提高了政府的服务质量和工作效率。另外，在这个平台上，针对群众提出的一些咨询或者问题，工作人员可以进行回答和反馈，群众关注度比较高的问题，可以在回答之后进行对外展示，群众就可以通过查询功能获得问题的答案。

（四）统一用户身份认证系统

为了避免员工账号的重复登录，减少管理员账号的工作，加之各类用户对公安业务系统的访问需求不断增加，公安云平台提供了一套统一的用户身份认证系统，实现了一个账号能在多个系统中同时进行单点登录的需求。用户登录统一认证服务之后，所有支持统一认证服务的管理应用系统就都可以使用了。统一的身份认证的架构流程如图 7-15 所示。

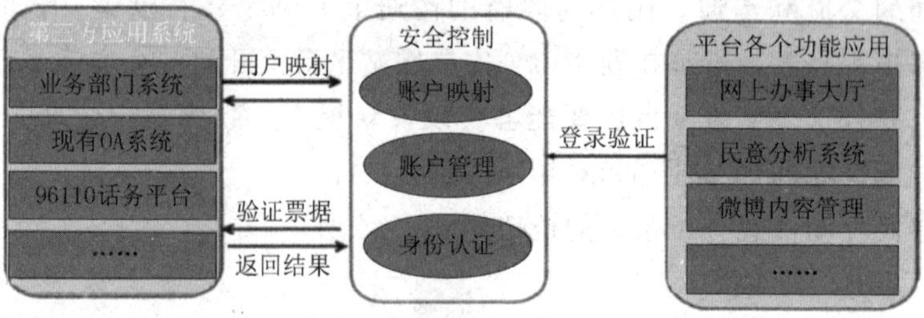

图 7-15　统一的身份认证

第三节　云计算与智慧医疗的实践运用

智慧医疗是在医院对病人进行治疗康复、病人给医院支付费用、医院卫生管理等环节，确立、更新、管理和使用与病人相关信息的信息丰富完整、跨服务部门、以病人为中心的医疗信息管理和服务体系。

一、云计算在医疗行业应用的优势

当前，医院利用云计算技术进行信息化建设，进行医院事务的管理和处理，有以下几方面的优势。

（一）改变医院的管理模式，提升医院的管理水平

基于云计算的医院管理系统利用现代科技手段，可以对医疗质量、医院的人员管理、员工的绩效考核和医院的成本核算提供更为全面、快速、准确的管理方式和方法，这在一定程度上对医院的管理模式进行创新，使医院的管理结构更加简洁明了，进而使医院的管理水平大大提高。

（二）提升医院的形象，提高医院的经济效益

基于云服务的医院综合管理系统，通过对医院管理模式的创新，医院工作人员的工作效率就会得到提高，那么对病患及其家属的服务质量也会随之升高，这一方面能够让人们感受到医院的现代化气息，另一方面也能提升医院的形象。当医院的良好形象树立起来之后，势必会吸引更多的病患前来看病，这在一定程度上使医院的经济效益有所提高。另外，基于云

服务的管理平台会在医院采购药品时进行统一管理，医疗资源进销存管理也会更加严格，这会在无形中减少医院的经济损失。另外还可以利用平台对患者的消费进行自动计费，这会杜绝错账和一些人情费用。

（三）能够促进医疗数据的共享，消除信息孤岛现象

应用云计算技术和存储功能，医院各种数据的计算、分类、储存和整理等工作操作起来会更加便捷、准确而且高效，甚至还可以完成自动化工作，这就避免了人为性的出错，减轻了工作人员的工作强度和压力。云计算服务还能实现资源的共享，能够将不同部门的“信息孤岛”连在一起，这一方面能避免医院信息的重复录入，使系统内的信息不再冗杂，也能删除一些不必要的信息，另一方面也给各项数据在医院内的安全和畅通交流提供了极大的方便。

（四）能够以病人为中心，改善医患关系

医院作为一个为病人服务的单位，要始终以病人为中心，通过改进医院的各种管理手段促进医院服务水平和质量的提高。医院建立云服务信息化资源平台，有利于为病人提供更全面的服务。病人也可以利用这个云服务平台享受挂号预约、信息查询、就诊住院等一站式一体化的服务，这对患者来说，减少了等待的时间，享受到了更高质量的服务，有利于减少病患及其家属的消极情绪，能在一定程度上改善医患关系。

二、基于云计算的智慧医疗的应用

（一）云计算在疾病分析方面的应用

近年来，我国的工业迅速发展，这在促进我国经济发展的同时，也带来了很多负面的影响，比如工业生产对自然环境造成了影响，社会环境也随着工业发展产生了巨大的变化。这些变化，给人类的生活也带来了很大的影响，在人们中间出现了一些新的疾病。这些疾病往往具有传播范围广、治愈率低、爆发面积大的特点，这不仅影响了人们的生命健康，也制约了发病地经济的发展。因此，对于医务人员来说，对新型疾病进行分析，对新型病毒进行研究是非常重要的课题。

医院在进行新型病毒分析和研究的重要课题时，往往要耗费大量的人力、物力和财力。将云计算技术应用在疾病分析的研究上，就会为重要课

题的研究提供极大的便利。与传统的电子计算机技术相比，云计算可以对数据进行更快速的分析和处理，而且云计算还具备统计的功能，能对各个数据之间的关联性进行有效的分析，因此，云计算是更加可靠、全面和准确的。医院人员利用云计算进行辅助研究，能将云计算提供的数据进行科学整合，还能够保证各项数据的有序和准确，为医疗课题研究提供了强有力的保障。这减轻了医院人员在进行课题研究时分析数据的压力和工作强度，从而促进了医疗水平和医疗服务的提升。

（二）云计算在电子病历方面的应用

有研究人员发现，在医疗数据中，病患的数据资料不连续、缺少一些纸质报告、患者的信息不完善等情况是很常见的，这些问题有时候会给医生和患者都造成一些不必要的麻烦。利用云计算技术，推广使用电子病历就能很有效地解决这些问题。

电子病历是医院利用信息技术将患者的就诊等医疗信息进行的电子化记录。电子病历一般包含首页、患者病程记录、医生对患者的检验结果、医、患者的手术记录和护理记录等与患者相关的内容，记录的不只是文本信息，还有一些图形、图像信息也都会在电子病历里面记录。

电子病历的建设包括的内容如图 7-16 所示。

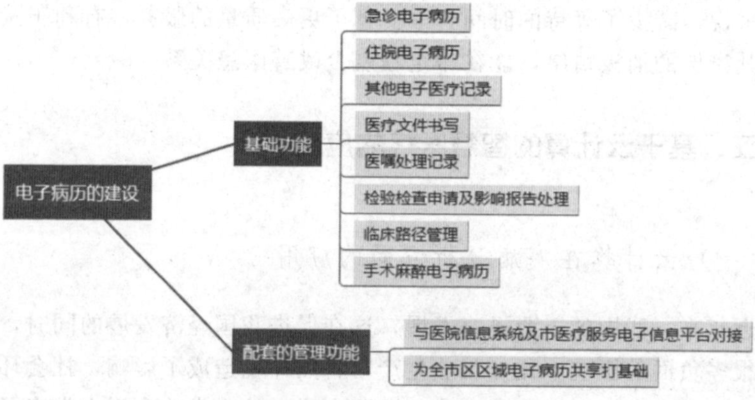

图 7-16　电子病历的建设内容

医生在为患者诊疗的过程中，通过特定的移动设备（如 iPad、平板电脑等）可以随时随地的查看患者的基本信息与电子病历，以便医生能够迅速地掌握患者的情况，然后根据检查的情况及时地为患者开出医嘱，这在一定程度上能够缩短治疗的时间。

除此之外，患者在家里也可以将自己的健康信息或者患病信息传递到医院的平台，与医生共享病历，加强与医生的交流，这不仅提高了患者配合治疗的积极性，也有利于医生快速了解患者的情况，选择最佳的治疗手段。

（三）云计算在医学影像存储与共享方面的应用

对于当前的医疗情况来说，核磁共振、超声波、X光等不同类型的医学影像设备在对患者进行诊疗和治疗的过程中是不可缺少的，通过这些设备对病人检查后的结果一般会以影像数据的形式展现出来，这些影像和电子病历是有很大的不同的，这主要是因为这些数字化的影像信息会占用很大的存储空间。

云计算技术的存储功能是很强大的，在医疗领域应用云计算技术，能够将大量的医疗资源进行整合并存储，并且在确保各项工作的同时，还能实现业务访问的功能。基于云计算服务，医院可以根据自身的情况，有针对性地建立符合自身需要的备份和空间服务，充分利用云计算的存储功能优势，使医院海量的影像数据资料能够实现存储。

（四）云计算在远程诊断方面的应用

远程诊断指的是借助云计算技术、信息及数据技术等现代科学技术，将患者的临床资料以及医院专家的意见转交给相隔很远的另外的一所医院，让另一所医院的医生进行诊疗。远程诊断依托的是远程医疗系统，通过这个系统，病人和医生之间建立了一种新的联系，病人免于奔波，就可以得到外地专家医生的会诊。除此之外，还能得到来自外地专家的治疗和护理方案，这为医生和病人都节约了大量的时间，还能在一定程度上减轻病人的经济负担。

远程诊断系统的构成主要有以下三个方面。

（1）提供远程诊疗的服务者。一般情况下，能够提供远程诊疗服务的医院大多是医疗资源比较丰富、医疗器械比较先进、医疗水平比较高的大型医院。通常在这些大型医院中上班的医生，他们的医疗知识和临床医疗经验都比较丰富，这是能够提供远程诊疗的保障。

（2）需要接受远程诊疗的病患。需求方可能是一些医疗能力和医疗设备条件比较欠缺的小型医院或者其他医疗机构，他们通过远程诊疗系统与大型医院建立起联系，借助系统进行影像的传输、患者医疗数据的传送等方式和方法，让远在外地的专家协助本机构对病患进行救治。除此之外，需求方也可能是因为种种原因不便到医院进行治疗的患者，他们通过远程诊疗系统，在家里就可以联系到专家进行健康监测、治疗疾病。

（3）能够实现远程诊疗的网络和设备资源。其中，能够实现远程诊疗的通信网络主要有无线通信网、通信卫星网等；能够实现远程诊疗的设备资源主要是指相关医疗系统的诊断仪器，目的是为了使医疗机构能够通过图片化以及数字化的方式接收到患者的病情资料，以便于远程诊疗的顺利开展。

远程医疗诊断不仅对患者有好处，对医院也是有极大的好处。远程诊疗系统能够整合区域医疗体系，大量的医疗监护工作都能够通过网络和远程方式解决，这不仅实现了医疗信息的共享，还使诊疗打破了医疗地域的限制。总体来说，远程诊疗系统有以下三个方面的优势。

从患者的角度来看，通过远程诊断系统看病，不用东奔西跑就能够得到更专业、更全面的医疗服务。

从医护工作人员的角度来看，远程诊断系统能够提供便捷的图像信息化服务，使医护工作人员实现“无纸化、高效化、智能化”的办公方式，大大减轻了医护人员的工作强度，也在一定程度上提升了诊疗的效率。这一方面能够使医护人员的绩效相对提高，另一方面也会让医疗更加精准，使医护工作人员的工作积极性大大提高。

从医院等医疗机构的角度来看，远程诊断系统能够将医疗服务中的各种重复环节去除掉，这不仅能降低医院运行的成本，也能提高医院的运行效率和监管效率。通过远程诊断系统，还能获得基于实地的疾病数据访问，这些数据能够帮助医疗机构提升医疗水平，也能使医疗机构对当地的健康风险进行预测和分析，当突发疾病来临和爆发时不至于措手不及，这也能在一定程度上提升医疗机构的良好形象。

第四节　云计算与智慧旅游的实践运用

智慧旅游是基于云计算技术、物联网技术等现代科学技术发展起来的。智慧旅游平台会利用移动互联网在平台上发布旅游资源、旅游活动、旅游攻略等方方面面旅游者可能需要的信息，让旅游者智慧感知这些信息，从而实现旅游业的管理创新和应用创新。

一、智慧旅游的架构

智慧旅游是指产业架构主要是以旅游者为中心，将各项服务行业的资源在一个平台上进行有机整合，让旅游者不仅享受快乐的旅游，也能享受到由旅游产生的餐饮、住宿、娱乐、购物等一系列的整体服务。

要想实现智慧旅游，让旅游者充分感知旅游的智慧化与便捷化，就必须有一个系统架构，这个架构要包括通信层、数据层、感知层、应用层四个方面的建设。

通信层是基于三大网络运营商在城市或者旅游景区搭建的光纤网络建设，比如城市 4G 通信信号良好，全景区 WiFi 网络全覆盖等通信网络的建设。

数据层的建设主要包括两方面的内容，一方面是处理前端或者旅游数据库中的超大量的信息，使其变得更加有价值；另一方面是将旅游者的使用端与应用层的服务端连接起来，让旅游者在自己的终端设备上就能获得智慧旅游平台上的地图、美食、酒店等旅游信息，使旅游者能够享受到一条龙的旅游服务，享受美好的旅程。另外，在这个过程中旅游局和与旅游相关的商家也能够根据旅游者的需求提升自己的服务，使旅行者享受到更优质的服务。

感知层指的是各类旅游前置设备的建设，比如在景区安装摄像头等监控管理设备，这样就可以很容易获取到景区的旅游人数、停车场的车位剩余数、景区内的安全状况等信息。

应用层主要分为服务端和使用端两类。旅游局、旅游相关的商家是服务端的主要使用对象，他们会在数据层发布旅游景点信息、住宿信息、餐饮信息、购物信息等，也会将各自的商业服务信息也发布在数据层，这使得海量的数据能够及时呈现在旅游者的眼前。旅游者则是使用端的主要使用对象，他们通过自己手中的移动设备（手机、iPad 等）和应用客户端（各种旅游 APP）了解到旅游服务信息、地图信息、酒店住宿信息，甚至还能了解到买票排队人数等，这些信息能够帮助旅游者节省时间、少走弯路等。

基于此，智慧旅游的整体架构如图 7-17 所示。

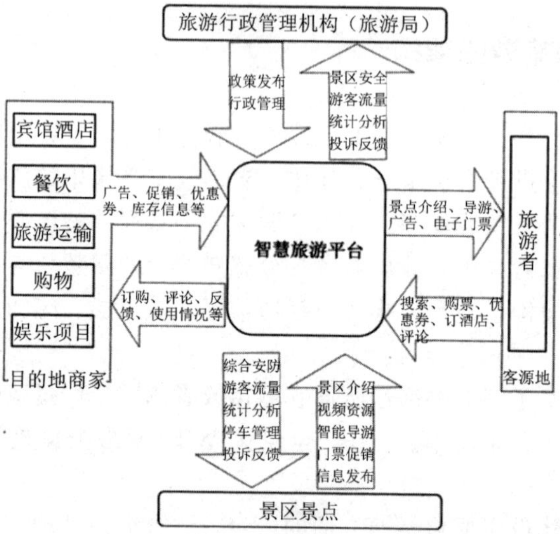

图 7-17　智慧旅游架构图

二、智慧旅游的功能

通过智慧旅游，帮助政府和企业在智慧旅游建设和发展过程中找准各自应承担的责任，同时，旅游者在旅行中所需要的各项服务也逐渐被明确。智慧旅游包含以下三个方面的功能。

（一）游客服务功能

1. 信息导航功能

旅游者可以利用手机、iPad 等移动终端，下载各种应用，查找各个城市中有关旅游景点、住宿酒店、餐饮酒馆、娱乐场所、交通车站、银行医院等的准确位置和其他信息，并根据自己的需要或者喜好来规划自己的旅游线路及其他娱乐行程。

2. 位置导航功能

具有智慧旅游性质的手机 APP 应用集成了地图导航的功能。当在 APP 中利用 GPS 定位了自己的准确地点后，旅游者只要输入自己想要到达的景点或者其他目的地，就可以获得具体的交通路线，并能准确导航至目的地。

3. 景点导游功能

到达景区之后，通过手机里的智慧旅游 APP，戴上耳机，旅游者就能够享受随身导游的专属服务，会根据位置信息，自动播报旅游者所在位置的景点信息及相关介绍。除此之外，旅游者还可以通过 APP 了解各个景点的游玩人数，以便旅游者能合理规划参观路线，以免因为排队而耽误过多的时间。

4. 一键导购功能

如果旅游者需要订购景点门票或者景点附近的酒店，就可以打开 APP 选择自己满意的对象点击“订购”，还可以选择不同的档次，预定不同的数量，能够给旅游者提供十分便捷的服务。

（二）旅游管理功能

1. 景区数字管理

景区管理人员可以通过手机 APP 对旅游者进行检票，还可以立即将检票验票的信息上传到系统中去；旅客在使用端看到的有关景区的照片或者视频等信息，管理人员也可以通过服务端进行修改或其他维护管理；景区巡逻的工作人员在移动工作中也可以随时利用手机监控景区内的各种情况，一旦有情况发生可以立即有所反馈。

2. 游客相关管理

旅游管理相关部门或者景区工作人员可以通过智慧旅游后台对景区情况进行监控，景点的游客接待量、游客在景区内的分布情况、景区停车位的剩余数量信息等工作人员都可以及时掌握。除此之外，如有旅游者在手机 APP 上咨询问题，管理部门工作人员也可以在线管理并答复游客的问题。

3. 管理系统整合

有些景区可能已经建设好并投入使用了一些智慧旅游项目，这些已经开发好的项目，可以在保证平台统一的情况下，逐渐合并到智慧旅游的平台上，使资源能够实现最大化的共享利用。

4. 手机指挥管理

景区的管理高层可以建立最高指挥中心或者指挥办公室，通过手机APP对景区的实况进行全面、及时、多维度的监控和掌握，以便能够及时地发号相关施令。同时，还可以通过平台向旅游者的手机APP上推送景区的各项注意事项，与旅游者保持及时的沟通。

（三）旅游营销功能

旅游相关部门或者相关企业可以将各自的旅游产品及旅游服务商品上传到手机APP上，这有利于加强其与旅游者、旅游资源、其他旅游企业和主管旅游的部门的联系，实现旅游企业之间的电子商务，使旅游资源能够高度整合，这在一定程度上能够推广旅游产业的整体大发展。旅游营销功能的充分发挥，可以推动智慧旅游产业链的发展，智慧旅游产业链的具体内容如图7-18所示。

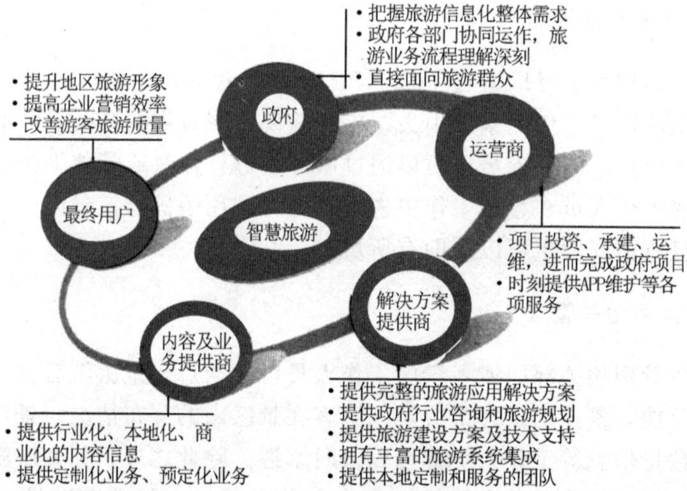

图7-18 智慧旅游产业链图

三、智慧旅游系统

智慧旅游由各个子系统组成，这些系统的运行能够满足旅游者旅行的各种需要，也能解决景区的管理问题，使旅游的商业服务在一定程度上得到扩展。智慧旅游包含以下几个系统。

1. 旅游信息系统

旅游信息系统主要是在旅游 APP 的基础上建设的，主要目的就是满足旅游者对信息的需求，其提供服务的流程如图 7-19 所示。

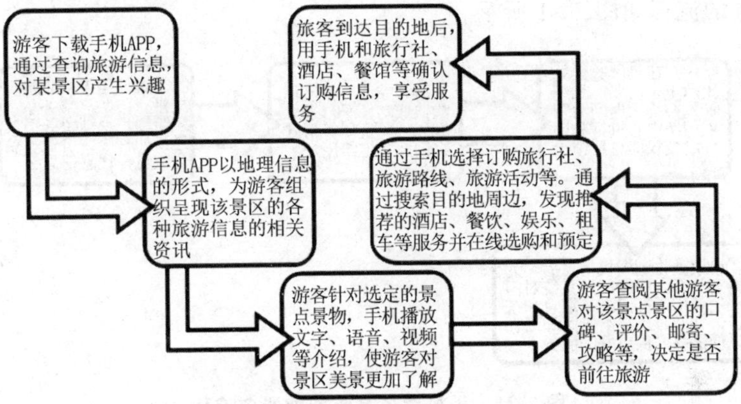

图 7-19　**旅游信息系统服务流程图**

2. 停车管理系统

停车管理系统的目的是实现停车的智能化。提供智能服务的具体流程如图 7-20 所示。

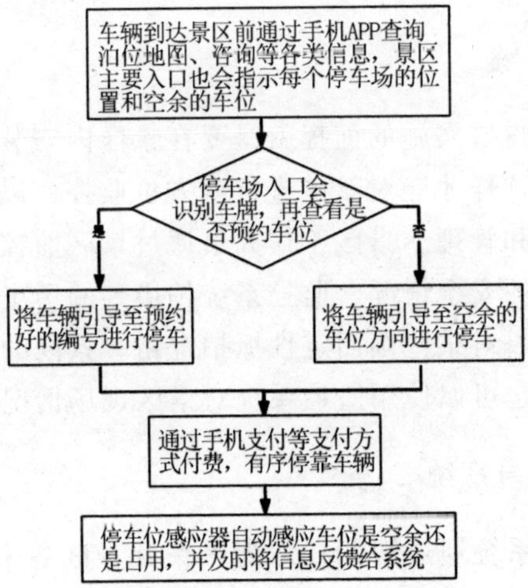

图 7-20　**停车管理系统服务流程**

3. 手机票务系统

旅游者使用手机票务系统，有利于帮助他们快速地进入景区，节省时间，提高效率，同时，对景区的票务管理也有着十分重要的意义。提供智能服务的流程如图 7-21 所示。

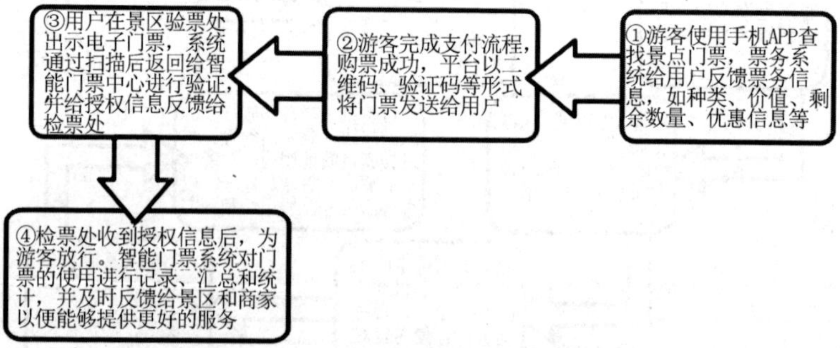

图 7-21　手机票务系统智能服务流程

4. 景区一卡通系统

景区一卡通系统将景区的消费、乘车、停车、门票、门禁等功能都集成在一起，一卡通系统一方面使旅游者在景区内的行动、消费等更加便捷，另一方面还能使景区实现更加智能化、及时化、信息化的管理。

5. 景区监控系统

景区监控系统得以实施的前提就是要在景区内安装摄像头等具有监控功能的前端设备，这样才能对景区进行全方位监控，以便于对景区的各区域进行远程的监控和管理。景区工作人员通过景区监控系统，能全方位地掌控景区各个位置的安全情况，监控系统拍摄到的历史画面也能随时被调用，根据需要还可以对某些画面定性抓拍定格。景区的巡逻人员在景区内移动的过程中同样也可以使用监控系统对景区现场情况进行监控。

6. 游客流量引导系统

游客流量引导系统通过智能技术能采集到景区各个景点游客的数量，而且可以进行实时的流量统计，并且能够将统计到的实时信息及时地反馈给系统。系统收到反馈信息之后会将这些信息直接推送到游客的手机 APP 上，也能在景区的警示牌上显示出来，如果景点人数很多就可发出警告提示，这有利于将游客引流到人数较少的景点去。这一方面能够节省游客的游览时间，另一方面也能减轻人多景点的服务压力。

7. 手机导游系统

游客在进入景区后，可以打开手机导游系统，手机导游系统就可以扮演导游的角色。游客可以按照“导游”的语音提示和地图引导到具体的景点前，“导游”就会将该景点的相关信息等播报给游客，而且关于该景点的历史背景等信息，可以通过系统的视频进行更深入的了解。另外，“导游”还能够将游客引导至景区内的购物区，游客在购物区能够挑选到自己喜欢的商品。

8. 广告投放系统

商家与景区组成商业联盟后即可在广告投放系统中进行广告营销，商家与景区携手为游客分享更多的旅游产品，从而开拓旅游市场。旅客通过广告投放系统可以看到景区及景区所在地的旅游纪念品、餐饮酒店等各种广告信息，如果看到感兴趣的或者喜欢的，还可以通过该系统进行在线订购。

9. 应急管理指挥系统

景区内一旦发生了火灾、游客冲突等突发性事件，应急管理指挥系统会立刻将采集到的信息反馈给监管部门，监管部门则会通过该系统进行各部门之间的协调指挥，以使能够快速地解决问题。

参考文献

[1] 王庆波，等. 虚拟化与云计算 [M]. 北京：电子工业出版社，2010.

[2] 刘鹏. 云计算 [M]. 北京：电子工业出版社，2010.

[3] 刘鹏，黄宜华，陈卫卫. 实战 Hadoop——开启通向云计算的捷径 [M]. 北京：电子工业出版社，2011.

[4]（美）Roger Jennings. 云计算与 Azure 微软云计算平台技术详解 [M]. 北京：电子工业出版社，2011.

[5] 樊勇兵，等. 解惑云计算 [M]. 北京：人民邮电出版社，2011.

[6] 李天目，韩进. 云计算技术架构与实践 [M]. 北京：清华大学出版社，2014.

[7] 高彦杰. Spark 大数据处理：技术、应用与性能优化 [M]. 北京：机械工业出版社，2014.

[8] 张妮，等. 大数据技术与应用 [M]. 北京：人民邮电出版社，2014.

[9] 李天目. 大数据云服务技术架构与实践 [M]. 北京：清华大学出版社，2016.

[10] 张德丰. 云计算实战 [M]. 北京：清华大学出版社，2012.

[11] 吴细花. “智慧校园”云平台的关键模块设计与实现 [D]. 长沙：湖南大学，2014.

[12] 全筱筱. 基于云平台的现代化医院综合管理系统的构建 [D]. 合肥：安徽医科大学，2013.

[13] 邢海华. 基于云计算的医院门诊系统的设计与实现 [D]. 苏州：苏州大学，2017.

[14] 何文娜. 大数据时代基于物联网和云计算的地质信息化研究 [D]. 长春：吉林大学，2013.

[15] 林文敏. 云环境下大数据服务及其关键技术研究 [D]. 南京：南京大学，2015.

[16] 戚建国. 基于云计算的大数据安全隐私保护的研究 [D]. 北京：北京邮电大学，2015.

[17] 李冰. 云计算环境下动态资源管理关键技术研究 [D]. 北京：北京邮电大学，2012.

[18] 李凌. 云计算服务中数据安全的若干问题研究 [D]. 合肥：中国科学技术大学，2013.

[19] 肖斐. 虚拟化云计算中资源管理的研究与实现 [D]. 西安：西安电子科技大学，2010.

[20] 严莉. “云计算”环境下课程智慧教育平台的应用及评价模式研究 [J]. 电脑知识与技术，2016，12 (14)：122－123.

[21] 刘鑫. 一种云教育平台下移动学习内不可信任数据的特征提取方法 [J]. 信息通信，2017 (07)：74－75.

[22] 李国杰，程学旗. 大数据研究：未来科技及经济社会发展的重大战略领域——大数据的研究现状与科学思考 [J]. 中国科学院院刊，2012，27 (06)：647－657.

[23] 张晓晓，庞婷. 兼容多 GIS 平台的瓦片生成引擎关键技术研究 [J]. 电脑知识与技术，2017，13 (31)：25－26.

[24] 张晓晓，马俊峰. 探究无线传感器网络的管理技术 [J]. 科技视界，2017 (03)：137－145.

[25] 张晓晓，李俊. 计算机网络安全问题及其对策的分析 [J]. 科技创新导报，2017，14 (08)：127－128.

[26] 张晓晓，庞婷，郭绍永. 校园网网络维护及管理方法的研究——以新乡医学院为例 [J]. 福建电脑，2017，33 (03)：166－167.

[27] 张晓晓，庞婷. 论动态变换下的网络安全防御系统和网络安全防御方法 [J]. 网络安全技术与应用，2017 (04)：18－19.

[28] 张晓晓，庞婷. 浅谈人工智能特点及在医学中应用的几个阶段 [J]. 福建电脑，2017，33 (03)：106，161.

[29] 张晓晓，郭绍永. 关于高校网络和信息安全管理与技术分析 [J]. 电脑知识与技术，2017，13 (13)：44－45.

[30] 张晓晓，郭绍永. WebGIS 中地图标记的设计与实现 [J]. 福建电脑，2017，33 (09)：141－142，175.

[31] 张晓晓. 执业医师考试与医学生临床实践能力的培养 [J]. 新教育时代电子杂志，2017，12.

[32] 张晓晓. 基于 IOS 的智能交通系统的设计与实现 [J]. 数字技术与应用，2017，4.

[33] 张晓晓，庞婷. 试论自动路测系统在无线网络维护和优化中的应用 [J]. 黑龙江科技信息，2017（10）：156.

[34] 张晓晓，李敏. SSH 基础下数字迎新系统的设计与实现 [J]. 科技风，2017（11）：81.

[35] 张晓晓. 基于 GIS 的房产管理信息系统的设计与实现 [J]. 中国科技纵横，2017，12.

[36] 张晓晓，郭绍永. 网络舆情对政府决策的影响及对策分析 [J]. 电子世界，2018（08）：60，62.

[37] 张晓晓，郭绍永. 浅谈高校校园网网络安全管理的研究与实施 [J]. 信息系统工程，2017（06）：58.

[38] 张晓晓，庞婷. 一种实时网络安全态势预测方法 [J]. 科技视界，2017（03）：289.

[39] 张晓晓，庞婷，郭绍永. 一种计算机教学用旋转倒挂式主机托装置 [J]. 电子世界，2018（09）：158，160.

[40] 郭绍永，张晓晓. 医学类高校信息化建设思考与对策分析——以新乡医学院为例 [J]. 电子世界，2017（20）：78，80.

[41] 庞婷，张晓晓. 面向迎新系统服务器的安全策略研究 [J]. 福建电脑，2017，33（10）：119，173.

[42] 庞婷，张晓晓，郭绍永. 一种具有防尘功能计算机显示器的设计 [J]. 电子世界，2017（22）：146，148.

[43] 马俊峰，张晓晓. 基于光纤 CDMA 技术的全光网实现研究 [J]. 黑龙江科技信息，2017（15）：165.

[44] 李俊. 基于 SLAM 导航的多目视觉 AGV 系统设计 [J]. 包装工程，2018，39（19）：181－189.